上海市职业教育“十四五”规划教材
职业教育人工智能领域创新型系列教材

Python 编程基础

主　编　王　霞　林丹丹
副主编　陆文彧
参　编　韩旗昌

科学出版社
北　京

内 容 简 介

本书采用模块化编写思路，围绕软件开发工程师、大数据分析工程师、人工智能运维工程师等岗位职业能力需求，设计了初识Python程序、简单流程控制应用、复杂流程控制应用、代码复用和文件处理4个模块。每个模块的内容分解出的工作任务对应若干职业能力，配有丰富的实训案例，由核心概念、学习目标、基本知识、能力训练、学习结果评价、课后作业6个板块完成案例学习及职业能力培养，具有鲜明的活页式教材特色。教师可按课程大纲和课时要求灵活组织学习内容。

本书可以供职业院校大数据技术应用、软件与信息服务、人工智能技术应用等专业学生使用，也可以供Python编程爱好者选用。

图书在版编目（CIP）数据

Python 编程基础 / 王霞，林丹丹主编．—北京：科学出版社，2023.10
（上海市职业教育“十四五”规划教材·职业教育人工智能领域创新型系列教材）

ISBN 978-7-03-075207-9

Ⅰ．① P… Ⅱ．①王… ②林… Ⅲ．①软件工具－程序设计 Ⅳ．① TP311.561

中国国家版本馆CIP数据核字（2023）第048374号

责任编辑：陈砺川 /责任校对：王万红
责任印制：吕春珉 /封面设计：东方人华平面设计部

科 学 出 版 社 出版
北京东黄城根北街16号
邮政编码：100717
http://www.sciencep.com

三河市中晟雅豪印务有限公司印刷
科学出版社发行 各地新华书店经销

*

2023年10月第 一 版 开本：787×1092 1/16
2025年 7 月第二次印刷 印张：13 1/2
字数：312 000

定价：48.00元

（如有印装质量问题，我社负责调换）
销售部电话010-62136230 编辑部电话010-62138978-1028

前言

随着人工智能和大数据技术的快速发展，Python语言以其简单易学、免费开源和跨平台的特点在数据科学和人工智能领域获得广泛应用，Python也非常适合职业院校的学生作为编程学习的入门语言。

为深入实施科教兴国战略、人才强国战略，坚持为党育人、为国育才，全面提高人才自主培养质量，本书从德技并修的培养理念出发，以培养职业能力为核心，以模块化结构组织编写内容。教材以PyCharm为主要开发工具，共设计了初识Python程序、简单流程控制应用、复杂流程控制应用、代码复用和文件操作4个模块，以“模块—工作任务—职业能力”为逻辑主线，形成鲜明的活页式教材特色。

另外，本书还具有以下特色。

1．从职业能力需求出发倒推工作任务，打破传统知识体系结构，将核心知识与工作任务有机融合，帮助读者拉近“学”与“用”之间的距离，有效提升学习效率。

2．所选用的案例生动实用，同时融入教材“立德树人”根本目标，做到德育素养和职业素养融会兼修。

3．以职业能力为单元组织任务及模块；通过核心概念、学习目标、基本知识、能力训练、学习结果评价和课后练习6个板块培养学生职业能力。教材内容由浅入深，循序渐进，读者可依据自身的情况和需求对所列的职业能力点进行灵活排序和组合，有选择地安排学习。

4．将“能力训练”流程分解为任务描述、任务分析、操作过程和结果评价，对接企业项目的实际开发过程，让读者能够体验工作岗位要求，助力职业技能和操作习惯养成。

5．本书区别于市场上主流教材的排版方式，将任务分析和实操过程进行图表化组织，案例操作从“步骤→步骤解析→图例演示”或“步骤—步骤解析—关键代码”来展示训练，读者可以通过对比阅读，轻松掌握案例的操作方法，快速上手演练。

6．提供的职业能力学习结果评价表，包括技能目标评价和德育目标达成评价，帮助学生梳理和内化思考所掌握的内容，查漏补缺，达成学习目标，做到有的放矢。

7. 课后练习题题目多样，兼顾不同层次学生的训练需求，有效巩固所学内容。

本书的“模块—工作任务—职业能力”分析表如下所示。

“模块—工作任务—职业能力”分析表（64课时）

<table>
<tr><th colspan="2">模块</th><th colspan="2">工作任务</th><th colspan="2">职业能力</th><th>课时</th></tr>
<tr><td rowspan="4">A</td><td rowspan="4">初识Python程序</td><td rowspan="2">A1</td><td rowspan="2">搭建Python环境</td><td>A1-1</td><td>能安装与配置Python开发环境</td><td>2</td></tr>
<tr><td>A1-2</td><td>能正确调试和运行一个Python程序</td><td>2</td></tr>
<tr><td rowspan="2">A2</td><td rowspan="2">绘图和图像处理</td><td>A2-1</td><td>能使用系统模块turtle绘制图形</td><td>4</td></tr>
<tr><td>A2-2</td><td>能使用Pillow库处理图像</td><td>4</td></tr>
<tr><td rowspan="4">B</td><td rowspan="4">简单流程控制应用</td><td rowspan="2">B1</td><td rowspan="2">基本数字类型编程</td><td>B1-1</td><td>能使用输入/输出函数编写Python程序</td><td>2</td></tr>
<tr><td>B1-2</td><td>能使用数字类型编写Python程序</td><td>4</td></tr>
<tr><td rowspan="2">B2</td><td rowspan="2">分支语句实现程序逻辑判断</td><td>B2-1</td><td>能使用if语句编写Python程序</td><td>2</td></tr>
<tr><td>B2-2</td><td>能使用if语句嵌套编写Python程序</td><td>4</td></tr>
<tr><td rowspan="6">C</td><td rowspan="6">复杂流程控制应用</td><td rowspan="2">C1</td><td rowspan="2">循环语句实现程序重复执行</td><td>C1-1</td><td>能使用while语句编写Python程序</td><td>2</td></tr>
<tr><td>C1-2</td><td>能使用for语句编写Python程序</td><td>4</td></tr>
<tr><td rowspan="2">C2</td><td rowspan="2">循环嵌套和跳转语句综合编程</td><td>C2-1</td><td>能使用循环嵌套语句编写Python程序</td><td>4</td></tr>
<tr><td>C2-2</td><td>能使用跳转语句编写Python程序</td><td>2</td></tr>
<tr><td rowspan="2">C3</td><td rowspan="2">组合数据类型编程</td><td>C3-1</td><td>能使用列表和元组类型编写Python程序</td><td>4</td></tr>
<tr><td>C3-2</td><td>能使用字典和集合类型编写Python程序</td><td>4</td></tr>
<tr><td rowspan="6">D</td><td rowspan="6">代码复用和文件处理</td><td rowspan="3">D1</td><td rowspan="3">函数编程</td><td>D1-1</td><td>能使用自定义函数编写Python程序</td><td>4</td></tr>
<tr><td>D1-2</td><td>能使用常用内置函数编写Python程序</td><td>4</td></tr>
<tr><td>D1-3</td><td>能编写和使用自定义模块</td><td>2</td></tr>
<tr><td rowspan="3">D2</td><td rowspan="3">文件操作和异常处理</td><td>D2-1</td><td>能使用文件的基本操作编写Python程序</td><td>4</td></tr>
<tr><td>D2-2</td><td>能使用文件与目录管理操作编写Python程序</td><td>2</td></tr>
<tr><td>D2-3</td><td>能正确捕捉和处理程序异常</td><td>4</td></tr>
</table>

本书在编写、出版过程中，通过了上海市中小学教材审查委员会审核，成为上海市职业教育“十四五”规划教材，可以供职业院校大数据技术应用、软件与信息服务、人工智能技术应用等专业学生使用，也可以供Python编程爱好者学习使用。

本书由王霞（上海信息技术学校）、林丹丹（上海信息技术学校）主编，陆文彧（上海信息技术学校）副主编，韩旗昌（上海信息技术学校）参编。

王霞制定了本书的编写思路并完成目录和内容体例的设计，王霞、林丹丹完成了内容的总体编排和统稿，陆文彧完成了任务案例的规划和设计。王霞编写了模块A及工作任务B2，林丹丹编写了工作任务B1、工作任务C1和工作任务C2，陆文彧编写了工作任务C3和工作任务D2，韩旗昌编写了工作任务D1。感谢谭移民（上海市教师教育学院，上海市教育委员会教学研究室）、徐寅伟（上海市曹杨职业技术学校）、张东（上海优信智能科技有限公司）对全书框架、体例设计和应用案例进行的指导，感谢邵帆帆（上海信息技术学校）、常佩佩（上海信息技术学校）配合制作数字资源。

在编写本书过程中，编者参考了相关资料、文献及专业人员意见，从中得到诸多帮助和启示，在此一并表示感谢。由于编者水平有限，书中难免有疏漏和欠妥之处，恳请广大读者批评指正。

编　者

目 录

初识Python程序

模块描述

本模块完成搭建Python语言运行环境，并学会基本的Python程序运行及调试方法；使用系统模块turtle绘制图形和使用Pillow库进行图像处理。

学习目标

- 了解Python的发展历程。
- 掌握解释器的安装方法。
- 能够搭建Python开发环境并进行运行调试。
- 能使用系统模块turtle绘制简单图形。
- 能掌握Pillow库的安装方法。
- 能使用Pillow库常用模块进行图像处理。

素质目标

- 提升软件安装和配置的能力。
- 锻炼程序调试中细致耐心的工作作风。
- 培养图形绘制的空间感知能力和创新意识。
- 提升图形图像处理的艺术修养。

工作任务 A1 搭建Python环境

职业能力A1-1 能安装与配置Python开发环境

一 核心概念

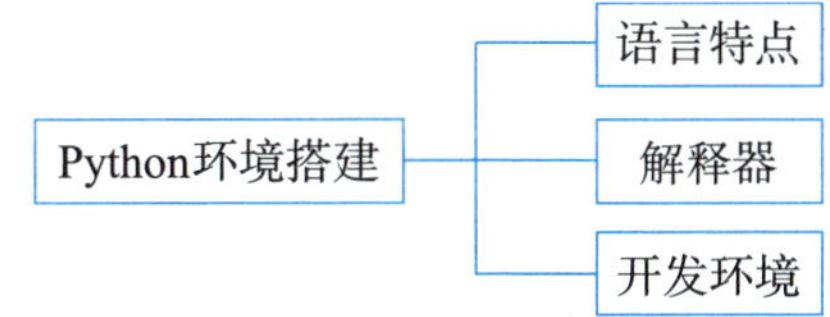

二 学习目标

1. 了解Python语言的特点、版本以及应用场景。
2. 掌握下载与安装Python解释器方法。
3. 掌握PyCharm的安装及简单使用方法。
4. 激励爱国主义情怀，提升爱国思想境界。

三 基本知识

在方兴未艾的机器学习以及大数据分析技术领域，Python语言的热度可谓是如日中天。Python语言广泛应用于科学计算、自然语言处理、图形图像处理、游戏开发、Web应用等方面。让我们从这里开始Python的探秘之旅吧！

1 Python语言的由来

Python语言是一种面向对象的解释型计算机程序设计语言，由荷兰人吉多·范罗苏姆（Guido van Rossum）在1989年圣诞节期间研发。Python是一种解释性、交互式、面向对象的跨平台语言。

2 Python语言的特点

（1）简单易学

Python具有伪代码性，这个特点方便开发者将精力更专注于如何解决问题，而不是语言本身的语法和结构。

（2）面向对象

Python既支持面向过程编程，也支持面向对象编程。

（3）可移植性

由于Python的开源本质，它已经被移植在许多平台上。如果能避免使用依赖于某个系统特性的功能，那么所有Python程序无须修改就可以在多种平台上运行。

（4）解释性

用Python语言编写的程序不需要编译成二进制代码，而是可以直接由源代码运行程序。在计算机内部，Python解释器把源代码转换成字节码的中间形式，然后再把它翻译成计算机使用的机器语言并运行。

（5）开源

Python是自由开放源代码软件之一。用户可以自由地发布这个软件的源代码，阅读它的源代码，对它做改动，把它的一部分用于新的自由软件中。

3 Python语言的版本

Python语言发展到现在，可以在Python官网中查看Python经历的多个版本。

目前，依然保留的版本主要是Python 2.x和Python 3.x。相比于早期的Python 2，Python 3历经了较大的变革。Python设计之初并没有考虑向下兼容，许多使用Python 2设计的程序无法在Python 3上正常执行。官网推荐使用的版本是Python 3，本书中的案例均使用Python 3.9解释执行。

4 Python解释器

Python是一种面向对象的解释型程序设计语言，Python程序的执行需要借助Python解释器完成。计算机中安装Python解释器并配置好Python开发环境后，开发人员可通过不同方式编写和运行程序。

四 能力训练

任务A1-1-1　安装Python开发环境

1 任务描述

在Windows操作系统中，完成Python解释器和开发环境的安装，并编写一个简单的

Python程序，打印输出“青年强，则国家强！”

2 任务分析

任务分析表如表A1-1-1所示。

表A1-1-1　任务分析表

步骤	步骤分解	关键技术
1	安装解释器 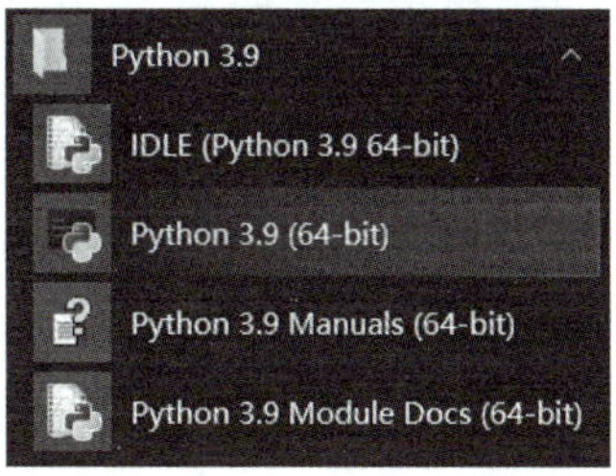	• 下载安装 • 配置环境变量 • 运行程序
2	安装第三方开发工具PyCharm 	
3	编写运行第一个Python程序 青年强，则国家强！ Process finished with exit code 0	

3 操作过程

安装Python开发环境的操作过程如表A1-1-2所示。

表A1-1-2 操作过程表

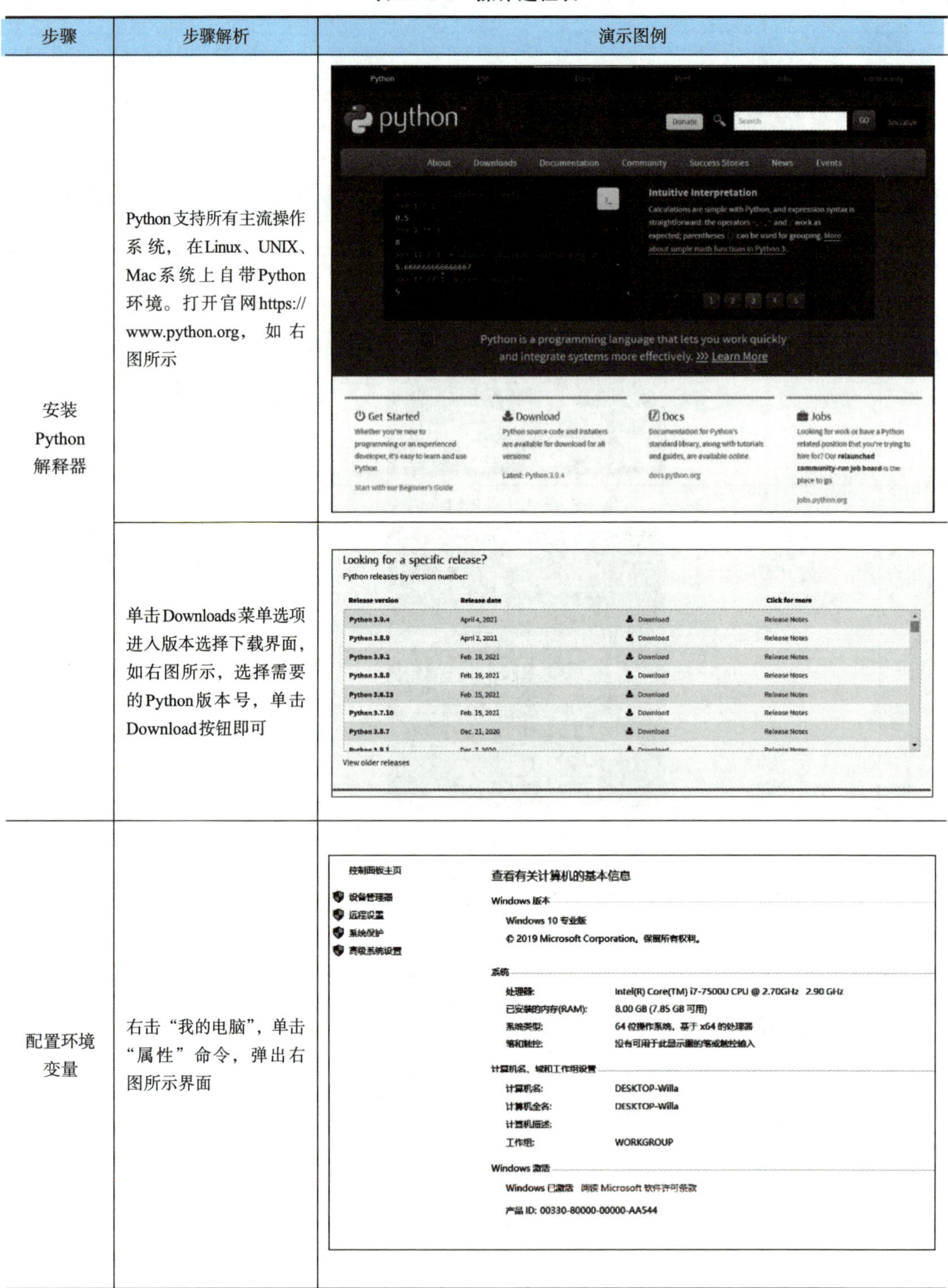

步骤	步骤解析	演示图例
安装Python解释器	Python支持所有主流操作系统，在Linux、UNIX、Mac系统上自带Python环境。打开官网https://www.python.org，如右图所示	
	单击Downloads菜单选项进入版本选择下载界面，如右图所示，选择需要的Python版本号，单击Download按钮即可	
配置环境变量	右击“我的电脑”，单击“属性”命令，弹出右图所示界面	

续表

<table>
<tr><th>步骤</th><th>步骤解析</th><th>演示图例</th></tr>
<tr><td rowspan="2">配置环境变量</td><td>单击“高级系统设置”命令，弹出“系统属性”对话框，如右图所示</td><td>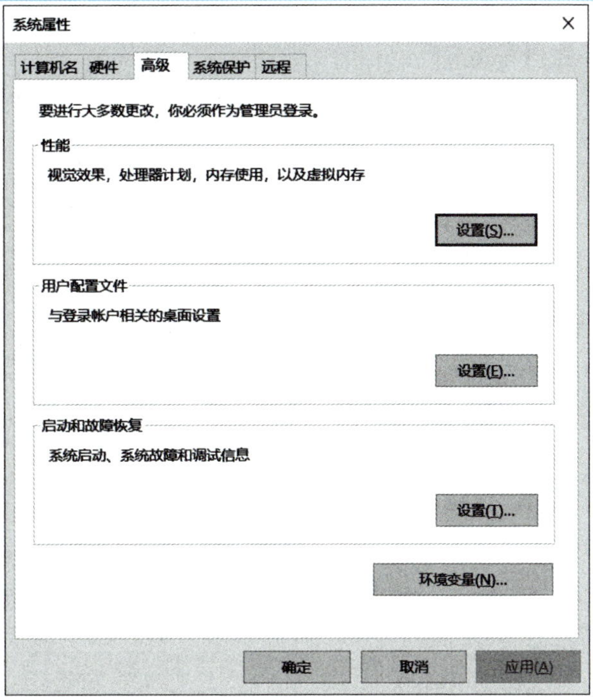
</td></tr>
<tr><td>单击“环境变量”按钮，弹出“环境变量”对话框，如右图所示</td><td>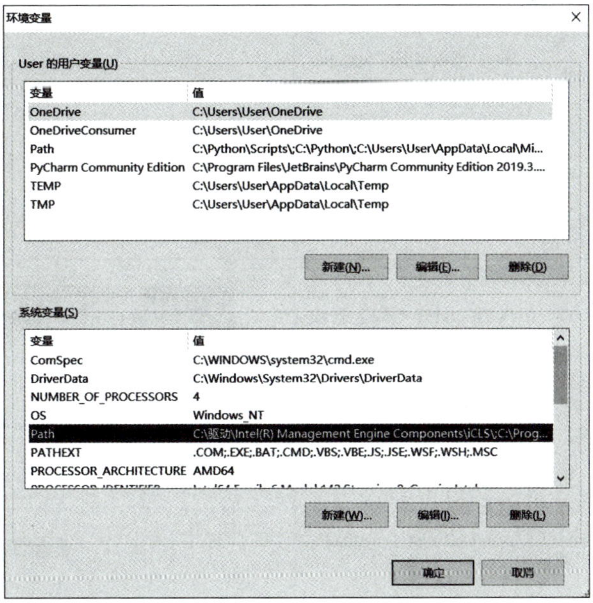
</td></tr>
</table>

续表

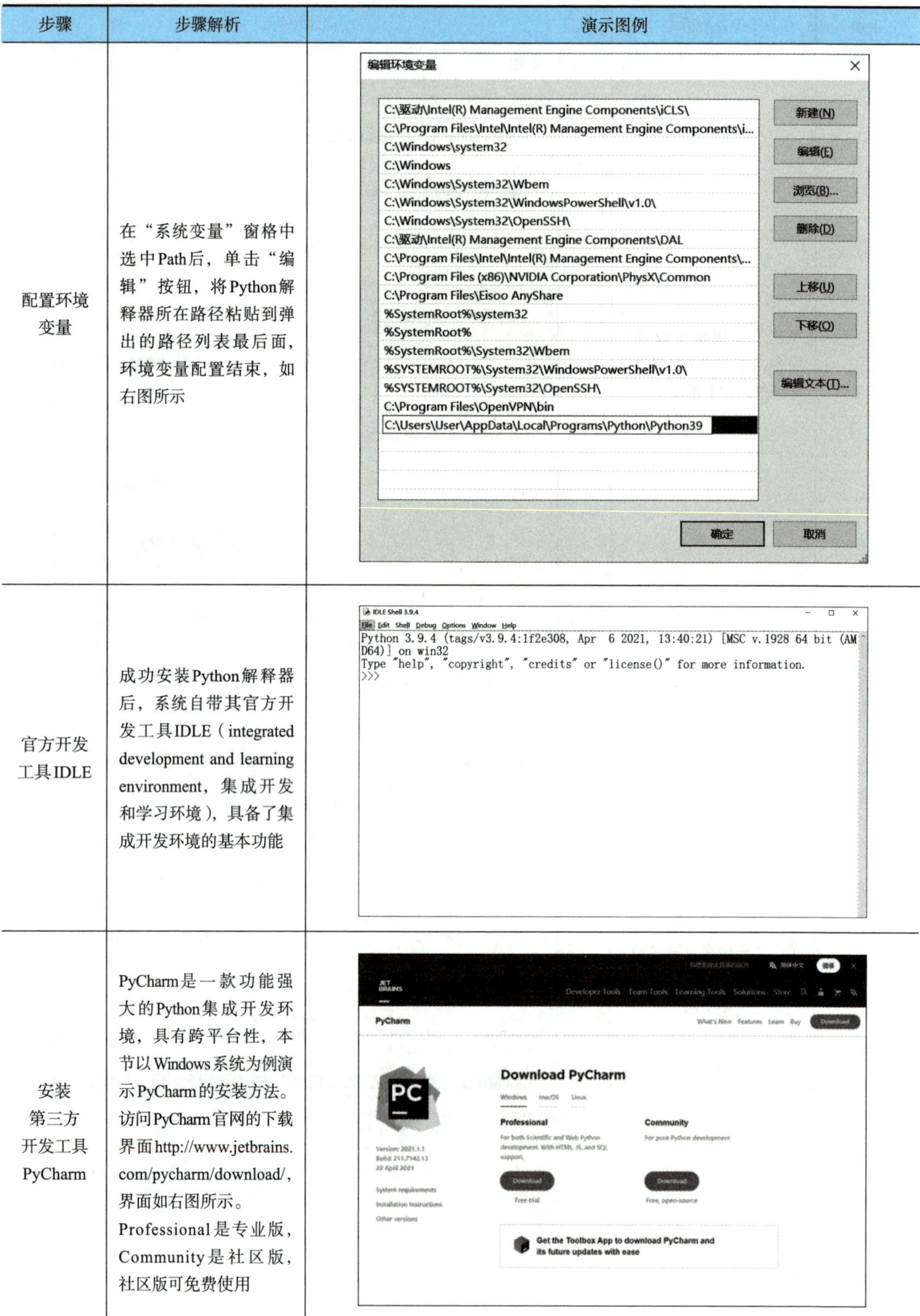

步骤	步骤解析	演示图例
配置环境变量	在“系统变量”窗格中选中Path后，单击“编辑”按钮，将Python解释器所在路径粘贴到弹出的路径列表最后面，环境变量配置结束，如右图所示	
官方开发工具IDLE	成功安装Python解释器后，系统自带其官方开发工具IDLE（integrated development and learning environment，集成开发和学习环境），具备了集成开发环境的基本功能	
安装第三方开发工具PyCharm	PyCharm是一款功能强大的Python集成开发环境，具有跨平台性，本节以Windows系统为例演示PyCharm的安装方法。访问PyCharm官网的下载界面http://www.jetbrains.com/pycharm/download/，界面如右图所示。Professional是专业版，Community是社区版，社区版可免费使用	

续表

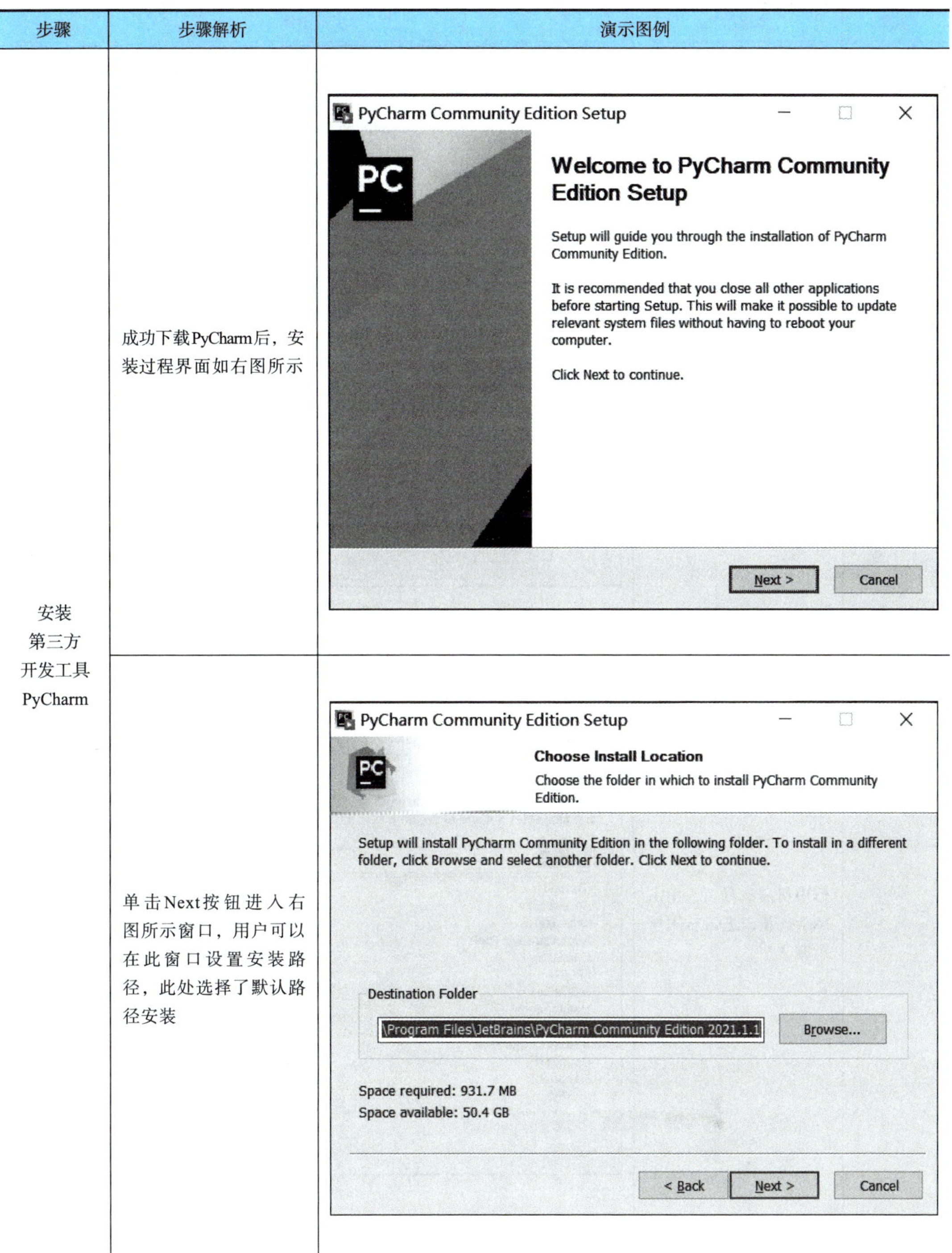

步骤	步骤解析	演示图例
安装第三方开发工具PyCharm	成功下载PyCharm后，安装过程界面如右图所示	
	单击Next按钮进入右图所示窗口，用户可以在此窗口设置安装路径，此处选择了默认路径安装	

续表

步骤	步骤解析	演示图例
安装第三方开发工具PyCharm	单击Next按钮进入右图所示窗口，在该窗口中可配置PyCharm的安装选项	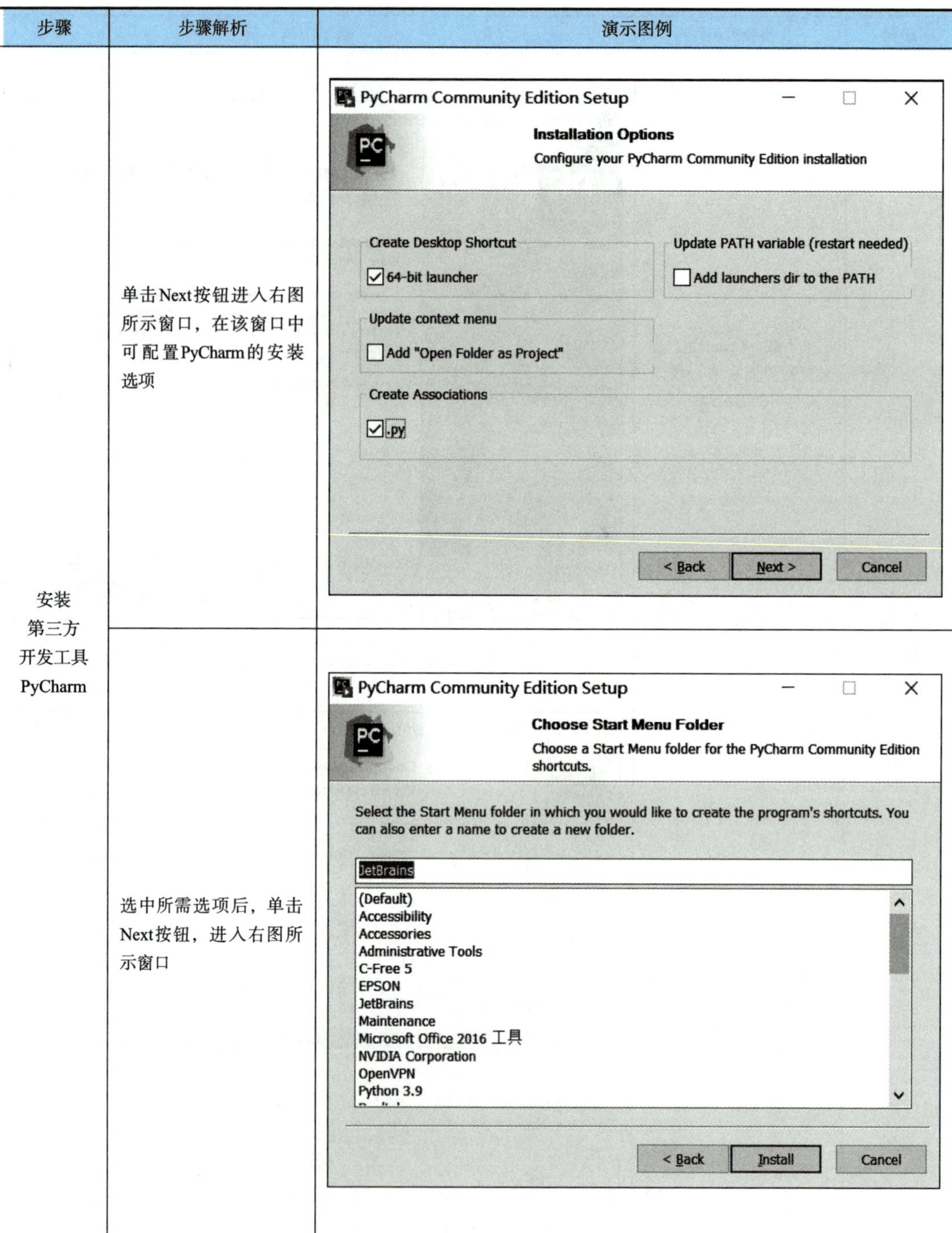
	选中所需选项后，单击Next按钮，进入右图所示窗口	

续表

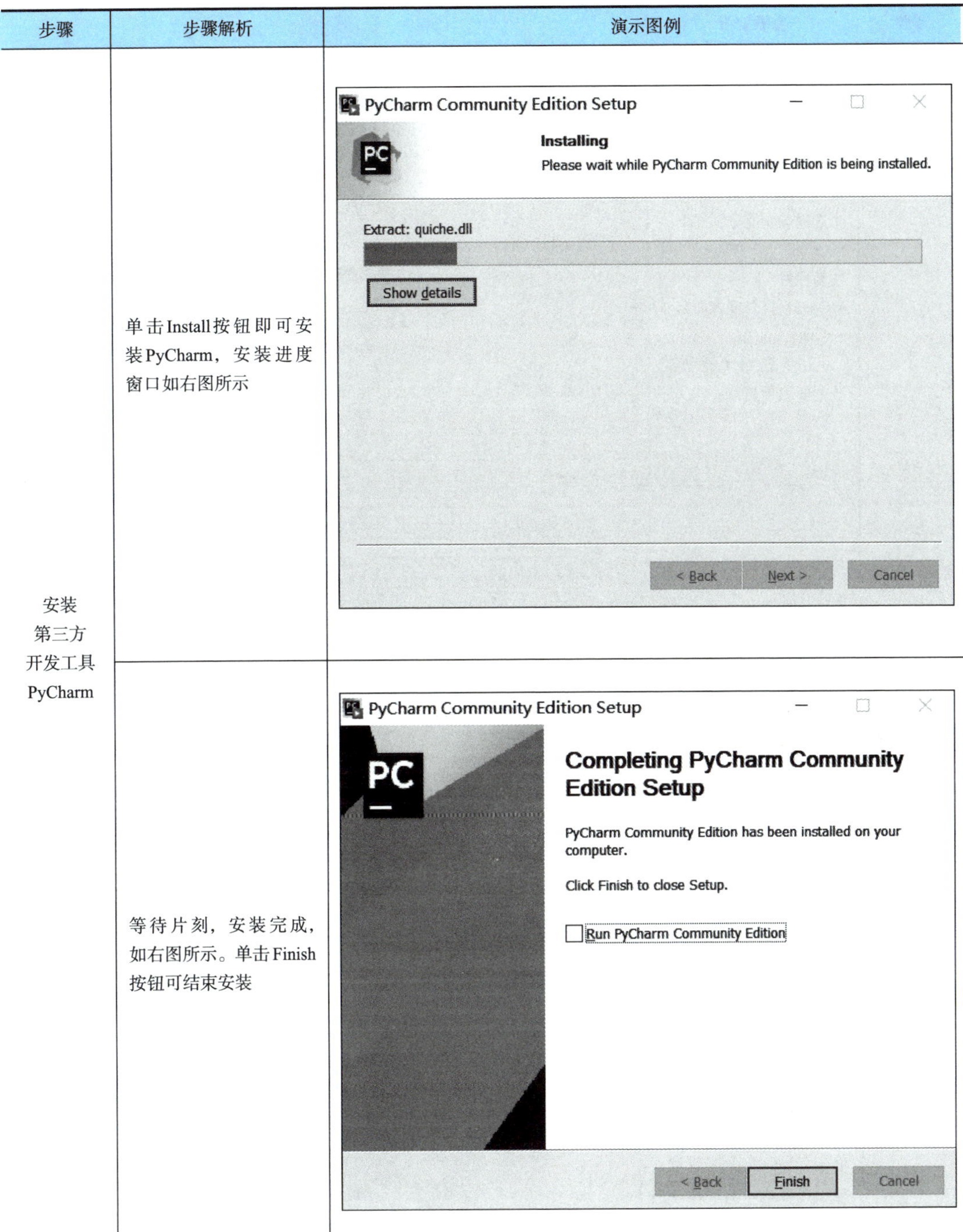

步骤	步骤解析	演示图例
安装第三方开发工具PyCharm	单击Install按钮即可安装PyCharm，安装进度窗口如右图所示	
	等待片刻，安装完成，如右图所示。单击Finish按钮可结束安装	

续表

步骤	步骤解析	演示图例
使用PyCharm编写运行Python程序	打开PyCharm时会弹出右图所示窗口。 窗口中有3个选项，这3个选项的功能分别如下。 • Create New Project：创建新项目。 • Open：打开现有项目。 • Check out from Version Control：从版本控制系统中获取项目	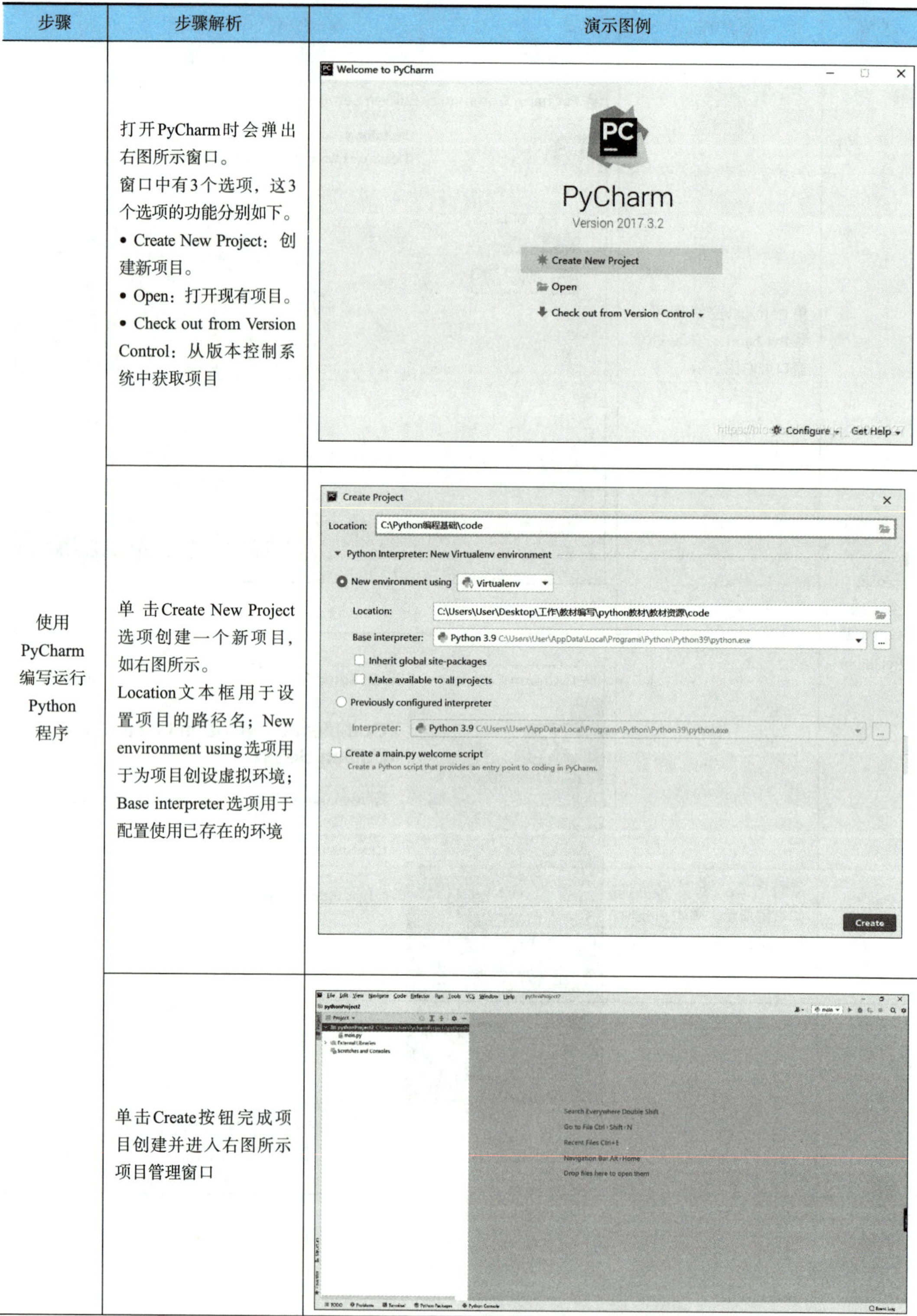
	单击Create New Project选项创建一个新项目，如右图所示。 Location文本框用于设置项目的路径名；New environment using选项用于为项目创设虚拟环境；Base interpreter选项用于配置使用已存在的环境	
	单击Create按钮完成项目创建并进入右图所示项目管理窗口	

续表

步骤	步骤解析	演示图例
使用PyCharm编写运行Python程序	右击项目名称，在弹出的下拉菜单中选择"New→Python File"命令，如右图所示	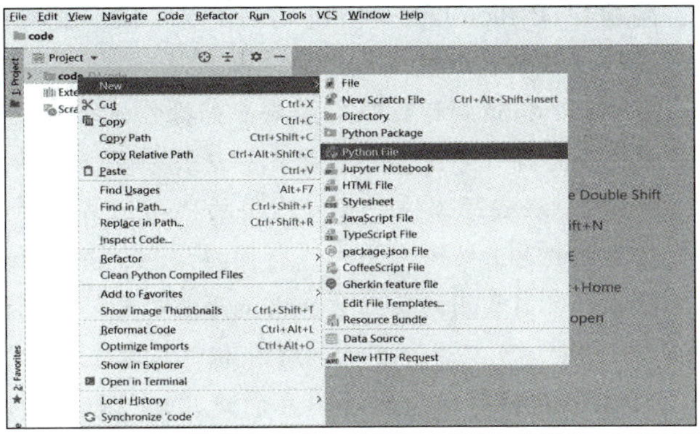
	在New Python file窗口的文本框中输入文件名称Myfirstpy，按回车键即可完成文件的添加	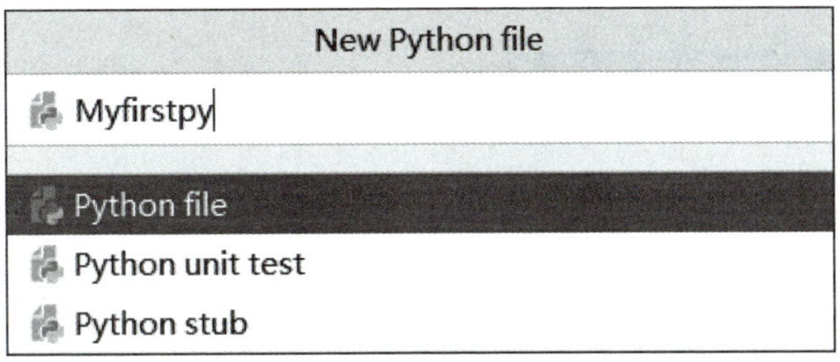
	添加文件为"Myfirstpy.py"后，文件窗口如右图所示	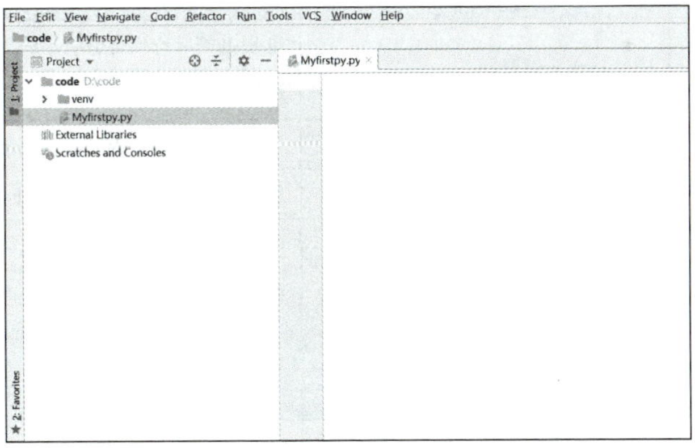
	在Myfirstpy.py文件中编写如下代码：print("青年强，则国家强!")。代码编写完毕后选中要执行的文件，在右键下拉列表中选择Run Myfirstpy命令可执行该文件。文件执行结果将在窗口下方显示，如右图所示	青年强，则国家强！ Process finished with exit code 0

问题情境

问题1 Python作为一种开源的编程工具，官网提供了很多可下载的版本，在项目开发的过程中该如何选择合适的版本呢？

提示：Python解释器版本主要依据操作系统的类型和版本来选择，可以通过操作系统属性查看操作系统类型和版本，选择对应版本的Python解释器。

问题2 在实际工作中可以应用的Python第三方开发工具有很多，可以尝试安装和使用其他的第三方开发工具进行简单编程，并与PyCharm进行比较。

提示：目前常用的第三方Python开发工具还有Visual Studio Code、Spyder、Sublime Text、Vim等，可以通过查询网络和相关技术文档了解这些开发工具的使用方法，并与PyCharm进行对比。开发工具的选用通常取决于程序员的开发习惯。

五 学习结果评价

在表A1-1-3中填写本节学习结果评价。

表A1-1-3 学习结果评价表

技能目标达成评价			
序号	评价内容	评价标准	评价结果（是/否）
1	安装Python解释器	能根据需求选择合适版本的Python解释器	
		能完成Python解释器的安装	
2	配置添加环境变量	能根据不同的系统需求完成环境变量的配置和添加	
3	安装PyCharm开发工具	能完成第三方开发工具PyCharm的安装和配置	
4	编写调试简单Python程序	能使用PyCharm开发工具进行简单程序编写	
		能使用PyCharm进行简单程序调试	
德育目标达成评价			
序号	评价内容	达成结果	
1	激励爱国主义情怀，提升思想境界	○感受 ○提升 ○践行	

课后作业

一、填空题

1. Python是面向____________的高级语言。
2. Python可以支持多种平台运行，主要由于它具有____________的特点。

二、编程题

1．完成Python解释器的安装。

2．完成PyCharm编辑器的安装。

3．创建一个名为pythtest的目录，在其中新建Python项目Myfirpy，在该项目中编写程序，打印一首抒发爱国主义情怀的诗词。

职业能力A1-2
能正确调试和运行一个Python程序

一 核心概念

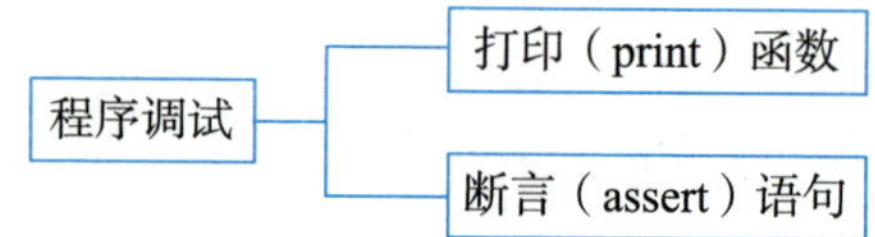

二 学习目标

1. 能掌握Python IDLE的使用方法。
2. 能掌握Python的两种常用调试方法。
3. 具有实践性学习态度，能反复操练步骤，熟练掌握基本操作。
4. 培养一丝不苟、精益求精的职业素养。

三 基本知识

1 Python程序的运行

Python程序的运行方式有交互式和文件式两种。交互式是指Python解释器逐行接收Python代码并即时响应；文件式也称为批量式，是指先将Python代码保存在文件中，再启动Python解释器批量解释代码。

2 Python IDLE常用快捷键

IDLE是Python自带的一个编辑器，是开发Python程序的基本集成开发环境，当安装好Python后，IDLE即自动安装完成。在程序开发过程中，合理使用快捷键不但可以降低代码的错误率，而且可以提高开发效率。在IDLE中，可通过选择“Options→Configure IDLE”命令，在打开的Settings对话框的Keys选项卡中查看快捷键，但是该界面是英文显示，不便于查看。为方便读者学习，表A1-2-1列出了IDLE中的一些常用快捷键。

表A1-2-1　IDLE常用的快捷键

快捷键	说明	适用范围
F1	打开Python帮助文档	Python文件窗口和Shell窗口均可用
Alt+P	浏览历史命令（上一条）	仅Shell窗口可用
Alt+N	浏览历史命令（下一条）	仅Shell窗口可用
Alt+/	自动补全前面曾经出现过的单词，如果之前有多个单词具有相同前缀，可以连续按下该快捷键，在多个单词中间循环选择	Python文件窗口和Shell窗口均可用
Alt+3	注释代码块	仅Python文件窗口可用
Alt+4	取消代码块注释	仅Python文件窗口可用
Alt+g	转到某一行	仅Python文件窗口可用
Ctrl+Z	撤销一步操作	Python文件窗口和Shell窗口均可用
Ctrl+Shift+Z	恢复上一次的撤销操作	Python文件窗口和Shell窗口均可用
Ctrl+S	保存文件	Python文件窗口和Shell窗口均可用
Ctrl+］	缩进代码块	仅Python文件窗口可用
Ctrl+［	取消代码块缩进	仅Python文件窗口可用
Ctrl+F6	重新启动Python Shell	仅Shell窗口可用

3 Python程序的调试

程序调试是指在程序编写完成或在编写过程中，需要对程序进行测试，根据测试发现的错误进行诊断，从而找出发生错误的原因，对具体位置代码进行修改。在一些情况下，可能需要查看或跟踪程序的运行状态，这种情况也属于程序调试。

程序能一次性写完整并正确运行的概率很小，总会有各种各样的程序错误或缺陷（bug）需要修正。有的 bug 很简单，看看错误信息就能找出错误原因；有的 bug 很复杂，需要判断出错时程序代码的具体情况，这样就需要一整套调试程序的手段来修复 bug。在Python中，程序调试有多种方式可以使用，如图A1-2-1所示。

（1）print函数

使用print函数调试程序，不仅容易掌握，而且也很方便。print函数通过监控变量的情况查找问题的原因或者监控程序的运行状态，使用简单灵活，适合初学者使用。但是print函数使用以后还需要删除产生的垃圾信息。print函数的优缺点如下。

优点：比较直观，使用简单。

缺点：需要入侵代码，也就是要修改代码。

（2）assert语句

assert 语句又称断言语句，可以看作是功能缩小版的if语句。它用于判断某个表达式的值，如果值为真，则程序可以继续往下执行；反之，Python 解释器会报 AssertionError 错误。

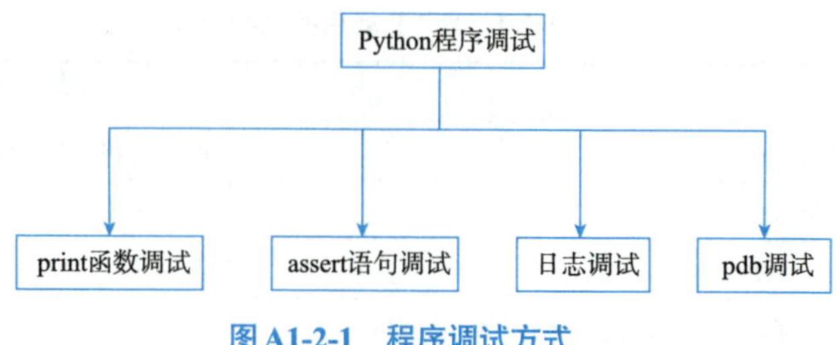

图 A1-2-1 程序调试方式

assert语句的语法结构如下。

```
assert 表达式[,描述信息]
```

assert语句的执行流程可以用if判断语句表示：

```
if 表达式==True:
    程序继续执行
else:
    程序报AssertionError错误
```

assert语句的作用是，当条件表达式的值为真时，该语句什么也不做，程序正常运行；反之，若条件表达式的值为假，则assert 会抛出AssertionError 异常。其中，[,描述信息]作为可选参数，用于对条件表达式可能产生的异常进行描述。

assert 语句通常用于检查用户的输入是否符合规定，或程序初期测试和调试过程中的辅助工具。

四 能力训练

任务A1-2-1 使用print函数调试程序

1 任务描述

利用本节所学习的print函数调试方法，完成一个简易计算器程序的调试。

2 任务分析

本任务中使用input()函数来接收用户输入的数据，这些数据都是字符串类型。在Python中，字符串是一种基本的数据类型，它可以包含任意数量的字符，包括字母、数字和符号。Python中定义了很多处理字符串的内置函数和方法（函数是直接调用的，方法需要通过对象用“.”运算符调用），详细使用方法可以参见工作任务C3组合数据类型编程中的内容。

任务分析表如表A1-2-2所示。

表 A1-2-2　任务分析表

步骤	步骤分解	关键技术
1	编写程序	在PyCharm中输入简易计算器程序
2	运行程序，出现result赋值问题，分析程序	利用print函数调试程序，解决result赋值问题

3 操作过程

输入并调试简易计算器的操作过程如表A1-2-3所示。

表 A1-2-3　操作过程表

<table>
<tr><th>步骤</th><th>步骤解析</th><th>关键代码</th></tr>
<tr><td>输入程序</td><td>依据需求在PyCharm 中输入简易计算器程序</td><td><pre>
# 完成简易计算器的功能
var1=int(input("请输入第一个运算数:"))
var2=int(input("请输入第二个运算数:"))
op=input("请输入需要完成的运算符:")
if op=="+ ":
    result=var1+var2
elif op=="- ":
    result=var1-var2
elif op=="* ":
    result=var1*var2
elif op=="/ ":
    if var2!=0:
        result = var1 / var2
    else:
        print("除数不能为0！ ")
        exit()
print(f"运算结果是:{result}")
</pre></td></tr>
<tr><td>调试运行</td><td>运行程序，结果提示result变量未被定义</td><td><pre>
请输入第一个运算数:6
请输入第二个运算数:7
请输入需要完成的运算符:+
Traceback (most recent call last):
File"C:\Python编程基础\code\模块A\任务A1-2-2.py",
line 14,in <module>
print(f"运算结果是:{result}")
NameError:name 'result' is not defined
</pre></td></tr>
<tr><td>分析错误</td><td>添加 print()函数分析得出程序代码中if逻辑判断条件均不成立，导致result 变量未能被计算出结果</td><td><pre>
# 完成简易计算器的功能
var1=int(input("请输入第一个运算数:"))
var2=int(input("请输入第二个运算数:"))
op=input("请输入需要完成的运算符:")
result=999 # 加入测试语句
if op=="+ ": # 此处运算符"+"后面有一个空格
    print("+") # 增加print函数调试程序
    result=var1+var2
elif op=="- ": # 此处运算符"-"后面有一个空格
    print("-") # 增加print函数调试程序
    result=var1-var2
</pre></td></tr>
</table>

续表

<table>
<tr><th>步骤</th><th>步骤解析</th><th>关键代码</th></tr>
<tr><td>分析错误</td><td>添加 print() 函数分析得出程序代码中if逻辑判断条件均不成立，导致result 变量未能被计算出结果</td><td><pre>
elif op=="* ": # 此处运算符"*"后面有一个空格
    print("*") # 增加print函数调试程序
    result=var1*var2
elif op=="/ ": # 此处运算符"/"后面有一个空格
    print("/") # 增加print函数调试程序
    if var2!=0:
        result = var1 / var2
    else:
        print("除数不能为0！ ")
        exit()
print(f"运算结果是:{result}")
请输入第一个运算数:6
请输入第二个运算数:7
请输入需要完成的运算符:+
运算结果是:999
</pre></td></tr>
<tr><td rowspan="2">修正错误</td><td>检查程序，发现表达式中运算符后面多出了一个空格，导致if语句的分支条件始终为假值，程序无法得到正确的结果。将if 条件表达式中运算符后面的空格删除，使得程序能够正常运行</td><td><pre>
# 完成简易计算器的功能
var1 = int(input("请输入第一个运算数: "))
var2 = int(input("请输入第二个运算数: "))
op = input("请输入需要完成的运算符: ")
# print(var1, op, var2)
if op == "+":
    result = var1 + var2
elif op == "-":
    result = var1 - var2
elif op == "*":
    result = var1 * var2
elif op == "/":
    result = var1 / var2
    if var2!=0:
        result = var1 / var2
    else:
        print("除数不能为0！ ")
        exit()
print(f"运算结果是: {result}")
</pre></td></tr>
<tr><td>运行结果显示加法运算正确</td><td><pre>
请输入第一个运算数:7
请输入第二个运算数:8
请输入需要完成的运算符:+
运算结果是:15
</pre></td></tr>
</table>

任务A1-2-2　使用assert 语句调试程序

1　任务描述

使用assert语句对输入的成绩数据范围进行控制，避免输入异常。

2 任务分析

任务分析表如表A1-2-4所示。

表A1-2-4 任务分析表

步骤	步骤分解	关键技术
1	分析需求，编写程序	使用if语句对输入成绩范围进行控制
2	使用assert语句替换if语句	使用assert语句替换if语句，进行程序调试
3	使用try语句	assert语句可以和 try except 异常处理语句配合使用

3 操作过程

使用assert语句对输入成绩数据范围进行控制的操作过程如表A1-2-5所示。

表A1-2-5 操作过程表

步骤	步骤解析	关键代码
输入程序	使用if语句编写输入控制语句，保证成绩在［0,100］之间	engscore=int(input("请输入英语成绩:")) # 判断英语成绩是否位于0~100分之间 if 0<=engscore<=100: print("您的英语成绩是:",engscore)

使用assert语句进行控制	使用assert 语句替换 if语句	assert 0<=engscore<=100,"成绩不在0~100分之间"
		# 只有当engscore位于[0,100]范围内，程序才会继续执行
		print("您的英语成绩是:",engscore)

	运行该程序，测试数据为89	请输入英语成绩:89 您的英语成绩是:89

	再次执行该程序，测试数据为101，查看程序，当 assert 语句后的表达式值为真时，程序继续执行，打印出了英语成绩；反之，程序停止执行，并报 AssertionError 错误	请输入英语成绩:101
		Traceback (most recent call last):
		  File "C:\Python编程基础\code\模块A\任务A1-2-2.py",line 13,in <module>
		  assert 0<=engscore<=100,"成绩不在0~100分之间"
		AssertionError:成绩不在0~100分之间

assert语句和try语句配合使用	通常情况下，assert语句可以和 try except异常处理语句配合使用	try:
		  engscore=int(input("请输入英语成绩:"))
		  # 断言英语成绩是否位于正常范围内
		  assert 0<=engscore<=100,"成绩不在0~100分之间"
		  # 只有当engscore位于[0,100]范围内，程序才会继续执行
		  print("您的英语成绩是:",engscore)
		except AssertionError as e:
		    print("输入的成绩不符合要求!",e)

	程序运行结果表明，当出现了输入异常以后，由try语句负责处理异常情况的输出，使得输出结果更加清晰明了	请输入英语成绩:101 输入的成绩不符合要求！ 成绩不在0~100分之间

问题情境

问题 在实际项目开发过程中，在代码中加入异常处理控制程序，再配合本节的程序调试方法，将起到事半功倍的效果。异常控制处理的内容将在职业能力D2-3中有详细介绍。例如，对输入学生成绩进行校验可以使用如下代码。

提示：

```
try:
    num=int(input("请输入成绩:"))
    if 0<=num<=100:
        score=num
    else:
        raise Exception()
except Exception as e:
    print("输入数据错误!")
    print(e)
else:
    print("输入数据正确!")
    print(score)
finally:
    print("处理完毕!")
```

五 学习结果评价

在表A1-2-6中填写本节结果评价。

表A1-2-6 学习结果评价表

技能目标达成评价			
序号	评价内容	评价标准	评价结果（是/否）
1	Python运行方法	能使用交互式方式运行Python程序	
		能使用文件式方式运行Python程序	
2	Python程序调试方法	能使用print函数调试Python程序	
		能使用assert语句调试Python程序	
素养目标达成评价			
序号	评价内容	达成结果	
1	耐心、细致、有条理的工作作风	○感受 ○提升 ○践行	
2	一丝不苟、精益求精的职业素养	○感受 ○提升 ○践行	

课后作业

一、简答题

简述Python程序的几种常用调试方法。

二、编程题

1．请分别使用print函数、assert语句调试下面的程序。

```
import random
s=random.randint(0,5)
num=int(s)
return 10 /num
```

2．对任务A1-2-1的简易计算器程序使用assert方法进行调试，对于除法运算中除数为0的情况进行异常处理。

工作任务 A2 绘图和图像处理

职业能力 A2-1
能使用系统模块turtle绘制图形

一 核心概念

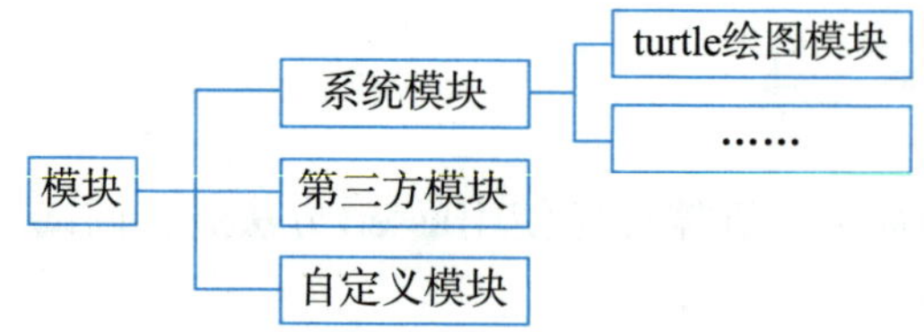

二 学习目标

1. 能理解Python模块的概念和分类。
2. 能掌握系统模块的导入和使用方法。
3. 能使用turtle模块进行简单图形的绘制。
4. 增强主动学习意识，能反复训练，熟练掌握基本技能。
5. 培养勤奋上进的拼搏意识。

三 基本知识

1 Python模块的概念

在Python语言中，随着程序复杂度的提高，代码量会同步增长，为了能够提高代码的可维护性和复用性，减少重复代码，程序员可以将一些常用的功能性代码封装成一个固定的文件，这种用于存放功能性代码的文件就是模块，又称构件。简单来说，模块就是能够单独命名并独立地完成一定功能的程序语句的集合。

2 Python模块的分类

Python中的模块分为系统模块、第三方模块和自定义模块。

系统模块：指Python系统内置的一些标准模块，常用的有sys、os、random、time、turtle等，系统模块使用前需要导入。

第三方模块：Python语言开源的特性，使得很多使用者贡献了丰富且强大的第三方模块，第三方模块需要先行安装。

自定义模块：程序员可以根据自己的需求，自行编写相应的功能模块。

3 Python系统模块的导入和使用

Python语言在使用系统模块之前必须将其先行导入到当前程序，主要使用import关键字来完成模块的导入。本节以turtle模块为例，介绍如何导入和使用模块。

方法一，从模块中导入所有内容，基本语法格式如下。

```
import 模块1,模块2,模块3,……
```

例如：

```
import turtle   # 导入turtle模块
```

模块导入后要使用模块名的限定来调用模块里的内容：

```
模块1.函数
模块1.变量
```

例如：

```
turtle.screensize(500,500,"gray")  # 设置画布大小和颜色
t=turtle.Pen()  # 构造画笔对象
```

方法二，从模块中导入部分内容，基本语法格式如下。

```
from 模块1 import 函数1……
```

例如：

```
from turtle import screensize   # 导入turtle模块中的screensize函数
```

这样程序中可以直接使用该函数，不需要使用模块名的限定，例如：

```
screensize(500,500,"gray")
```

方法三，从模块中导入所有内容，基本语法格式如下。

```
from 模块1 import *
```

方法三可以一次性导入模块的全部内容，并且不需要使用模块名的限定，但容易造成同名函数的混乱，不利于代码的维护，因此不推荐使用。

4 turtle绘图模块基础

turtle绘图模块（turtle graphics），是Python 2.6及之后的版本引入的一个简单的绘图工具，它属于Python的系统模块，在使用前导入即可。要使用turtle绘图模块，主要应学会控制如下两个基本要素。

（1）画布（canvas）

画布是turtle绘图模块为我们构建用于绘图的区域，我们可以设置它的大小和初始位置。设置画布大小的代码如下。

```
turtle.screensize(canvwidth=None,canvheight=None,bg=None)
```

各参数含义如下。

canvwidth：画布的宽度（单位为像素）；canvheight：画布的高度（单位为像素）；bg：背景颜色；

若不设置值，默认参数为（400，300，None）。

设置画布位置的代码如下。

```
turtle.setup(width=0.5,height=0.75,startx=None,starty=None)
```

各参数含义如下。

width，height：输入的宽和高为整数时，表示像素；为小数时，表示占据计算机屏幕的比例。(startx，starty)，这一坐标表示矩形窗口左上角顶点的位置，如果为None，则窗口位于屏幕中心。

（2）画笔

画笔状态：在画布上，默认有一个坐标原点为画布中心的坐标轴，坐标原点上有一只面朝x轴正方向的小海龟。turtle绘图模块中，就是通过使用位置方向描述小海龟(画笔)的状态来实现绘图的。还有一些常用的画笔函数，如表A2-1-1所示。

表A2-1-1 画笔常用函数及描述

函数	描述
turtle.pensize()	设置画笔的宽度
turtle.pencolor()	没有参数传入，返回当前画笔颜色；传入参数设置画笔颜色（RGB、字符串）
turtle.speed(speed)	设置画笔的速度。speed属于［0,10］区间的整数，数字越大速度越快
turtle.forward(distance)	向当前画笔方向移动distance像素长度
turtle.backward(distance)	向当前画笔相反方向移动distance像素长度
turtle.right(degree)	顺时针移动degree角度
turtle.left(degree)	逆时针移动degree角度
turtle.pendown()	移动时绘制图形，默认状态时也为绘制图形
turtle.goto(x,y)	将画笔移动到坐标为（x,y）的位置
turtle.penup()	移动时不绘制图形，提起笔，用于另起一个地方绘制时用
turtle.circle()	画圆，半径为正（负），表示圆心在画笔的左边（右边）画圆
turtle.pensize(width)	绘制图形时的宽度
turtle.pencolor()	画笔颜色
turtle.fillcolor(colorstring)	绘制图形的填充颜色
turtle.color(color1，color2)	同时设置pencolor=color1，fillcolor=color2
turtle.filling()	返回当前是否在填充状态
turtle.begin_fill()	准备开始填充图形
turtle.end_fill()	填充完成
turtle.hideturtle()	隐藏箭头显示
turtle.showturtle()	与hideturtle()函数对应

续表

函数	描述
turtle.clear()	（全局）清空turtle窗口，但是turtle的位置和状态不会改变
turtle.reset()	（全局）清空窗口，重置turtle状态为起始状态
turtle.undo()	（全局）撤销上一个turtle动作
turtle.isvisible()	（全局）返回当前turtle是否可见
turtle.stamp()	（全局）复制当前图形
turtle.write(s[，font=("font-name"，font_size，"font_type")])	（全局）写文本，s为文本内容，font是字体的参数，里面分别为字体名称、大小和类型；font为可选项，font的参数也是可选项

能力训练

任务A2-1-1　绘制艺术印章

1 任务描述

学校组织技能大赛，计算机软件开发专业的学生准备使用Python程序绘制一枚漂亮的艺术印章参赛，印章的内容是“天道酬勤”，如图A2-1-1所示。

图A2-1-1　任务样例

2 任务分析

仔细观察印章图案，可以将它分为3个部分来绘制，任务分析表如表A2-1-2所示。

表A2-1-2　任务分析表

步骤	步骤分解	关键技术

1	绘制一个红边的正方形	使用绘制直线函数完成正方形的绘制，绘制一条直线后，将画笔偏转90°，依次画四条边，围成正方形
		`turtle.forward(distance)`
		`turtle.right(degree)`

2	填充正方形白色背景	使用图形填充函数完成背景色的填充，注意填充图形的范围，需要通过函数进行限定
		`turtle.filling()`
		`turtle.begin_fill()`
		`turtle.end_fill()`

续表

步骤	步骤分解	关键技术
3	绘制印章文字	使用文字绘制函数为印章绘制文本，要注意文本位置的定位，这里以印章外围边框左上角点（0,0）进行参照定位，通过多次调试，尝试将文字定位到合适的位置 turtle.penup() turtle.goto(x,y) turtle.write(s[,font=("font-name",font_size,"font_type")])

3 操作过程

绘制艺术印章的操作过程如表A2-1-3所示。

表A2-1-3　操作过程表

步骤	步骤解析	关键代码

绘制一个红边的正方形	设置500×500像素的灰色画布，并在中心原点的位置绘制边长为100像素的正方形	import turtle　# 导入turtle模块
		turtle.setup(500,500)　# 设置窗体大小
		# 设置画布大小和颜色
		turtle.screensize(500,500,"lightgray")
		t=turtle.Pen()　# 构造画笔对象
		t.pencolor("red")
		t.pensize(4)　# 设置画笔粗细
		t.forward(100)　# 画100个像素长度直线
		t.left(90)　# 画笔方向向左偏转90°
		t.forward(100)
		t.left(90)
		t.forward(100)
		t.left(90)
		t.forward(100)
		t.left(90)

填充正方形白色背景	在正方形内部填充白色背景。fillcolor()函数设置需要填充的颜色；gin_fill()和end_fill()两个函数配对使用，完成对要填充颜色的图形范围进行控制	t.fillcolor("white")　# 设置填充颜色 t.begin_fill()　# 开始填充 t.forward(100)　# 画100个像素长度直线 t.left(90)　# 画笔方向向左偏转90° t.forward(100) t.left(90) t.forward(100) t.left(90) t.forward(100) t.left(90) t.end_fill()　# 停止填充

续表

步骤	步骤解析	关键代码

绘制印章文字	在正方形中绘制印章文本“天道酬勤”，其中，功能函数如下。
	• penup()函数：提起画笔，准备移动画笔位置，移动的过程中不绘制图形；
	• goto()函数：将画笔移动到合适的位置；
	• write()函数：可以绘制相应的文字；
	• hideturtle()函数：可以隐藏绘图箭头
		time.sleep(1) # 停顿
		t.penup() # 提起笔，移动时不绘制图形
		t.color("red") # 设置文字颜色
		t.goto(3,45) # 移动到对应的位置坐标
		# 设置文字和字体
		t.write("酬天",font=("华文行楷",36,"normal"))
		t.goto(3,0)
		t.write("勤道",font=("华文行楷",36,"normal"))
		t.hideturtle() # 隐藏绘图箭头
		turtle.exitonclick()

任务A2-1-2　绘制多彩四叶草

1　任务描述

在任务A2-1-1中绘制了一枚漂亮又励志的印章，下面再运用turtle绘图工具绘制如图A2-1-2所示的多彩四叶草吧。

2　任务分析

仔细观察四叶草图案，可以将四叶草分为4个不同方向的爱心的组合，而每个爱心又可以分为对称的两个部分，并分别用8种不同的颜色填充。将图形进一步分解后发现，一半的爱心可以由长短两条边和一个半圆共3个部分来描绘，如图A2-1-3所示。

图A2-1-2　多彩四叶草图案

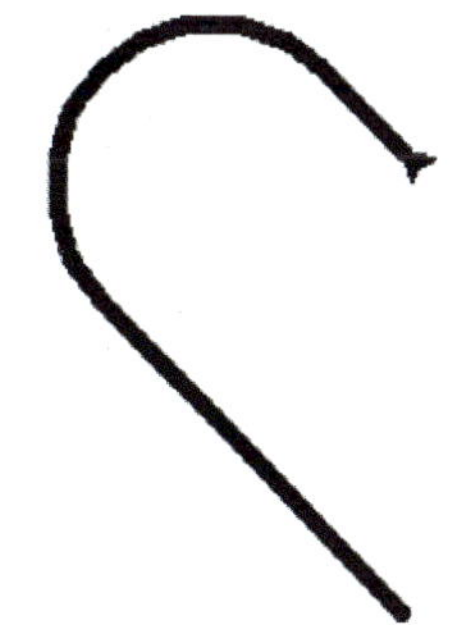

图A2-1-3　半个爱心分解

任务分析表如表A2-1-4所示。

表 A2-1-4 任务分析表

步骤	步骤分解	关键技术

1	绘制爱心长边	调整画笔到合适的方向绘制爱心的一条长边
		`turtle.forward(distance)`
		`turtle.right(degree)`

2	绘制爱心半圆	以长边的终点为起点，调整画笔到合适的方向，绘制一个半圆
		`turtle.left(degree)`
		`turtle.circle()`

3	绘制爱心短边	以半圆的终点为起点，调整画笔到合适的方向，绘制一条短边。此处可以直接使用向后退着画直线，避免了画笔调整方向操作 `turtle.backward(distance)`

4	填充颜色	利用颜色填充函数对图形进行填色操作
		`turtle.filling()`
		`turtle.begin_fill()`
		`turtle.end_fill()`

5	绘制对称图形	绘制爱心另一半的对称图形，注意方向相反。这里先绘制短边，再绘制半圆，最后绘制长边
6	对称边填色	对爱心的对称边填充颜色，就完成了一个完整爱心的绘制
7	多彩四叶草图形绘制	参照第1个爱心的绘制方法，调整画笔到相应的位置，分别再绘制3个爱心，组合绘制完成多彩四叶草图形

3 操作过程

绘制多彩四叶草的操作过程如表 A2-1-5 所示。

表A2-1-5 操作过程表

步骤	步骤解析	关键代码

绘制爱心长边	依据图形位置将画笔偏转到合适的角度，向前画一条长线，操作方法有多样，右侧代码给出一种参考程序	import turtle # 导入turtle模块
		turtle.color('black')
		turtle.pensize(5)
		turtle.left(135) # 左转135°
		turtle.forward(135) # 前进135像素

绘制爱心半圆	绘制完长边以后接着绘制一个半圆，此处要考虑起笔的角度和圆弧的方向，注意在画半圆之前对笔触的方向做出调整的参数要和后面画圆的代码配合设置	turtle.right(180) # 画笔掉头 turtle.circle(50,-180) # 画半圆

绘制爱心短边	半圆圆形绘制完成以后可以从终点的位置沿着弧线方向再画一段短线，这里由于画笔的方向和短线方向相反，可以直接调用turtle.backward()函数，这样就不用再偏转画笔的方向了	# 由于此时画笔方向约为绝对方向的135° ，需倒退画线
		turtle.backward(35)

填充颜色	使用颜色填充函数turtle.fillcolor()填充颜色，注意对图形范围的控制	turtle.fillcolor("red") # 设置填充颜色
		turtle.begin_fill() # 填充范围起点
		turtle.left(135) # 左转135°
		turtle.forward(135) # 前进135像素
		turtle.right(180) # 画笔掉头
		turtle.circle(50,-180)
		# 由于此时画笔方向约为绝对方向的135° ，需倒退画线
		turtle.backward(35)
		turtle.end_fill() # 填充范围终点

绘制对称图形	参照左边图形绘制心形图案的右半边图形，画笔方向和左边相反，按照短边、半圆、长边的顺序依次绘制	turtle.right(90) turtle.forward(35) turtle.circle(-50,180) turtle.forward(135)
对称边填色	参照上面的步骤，为爱心对称的右边填充颜色	turtle.fillcolor("orange") turtle.begin_fill() turtle.right(90) turtle.forward(35) turtle.circle(-50,180) turtle.forward(135) turtle.end_fill()
多彩四叶草图形绘制	按照顺时针方向依次重复绘制4个爱心后，组成一个彩色的四叶草图形	

问题情境

问题 在实际开发工作中有时会出现turtle.screensize()无法改变窗口大小的情况，这是由什么原因导致的？该如何处理？

提示： 用screensize函数设置的是画布大小及背景色，窗体和画布并不是同一个概念。如果画布大于窗体，窗体会出现滚动条；如果画布小于窗体，画布会填充整个窗体。要想改变窗体，需要改变setup函数。例如：

```
turtle.setup(500, 500)   # 设置窗体大小
```

五 学习结果评价

在表A2-1-6中填写本节学习结果评价。

表A2-1-6 学习结果评价表

技能目标达成评价			
序号	评价内容	评价标准	评价结果（是/否）
1	Python模块的概念	能理解模块的概念和意义	
		能理解和区分Python三种不同类型模块的应用特点和场景	
2	turtle绘图模块	能理解turtle绘图模块中的常用方法	
		能使用turtle绘图模块进行简单图形绘制	
		能拓展提升完成自定义图形的绘制	
素养目标达成评价			
序号	评价内容	达成结果	
1	主动学习意识	○感受 ○提升 ○践行	
2	勤奋上进的拼搏意识	○感受 ○提升 ○践行	

课后作业

一、简答题

1. 简述模块的概念，简单介绍系统模块导入和使用的方法。
2. 简述Python中代码的组织形式。

二、编程题

1. 使用“from模块1 import 函数1……”导入方法，改写本节项目案例，完成如图A2-1-4所示艺术印章的绘制。

2．编写程序绘制图形如图A2-1-5所示。

图A2-1-4　“天道酬勤”印章图

图A2-1-5　五角星图

职业能力A2-2
能使用Pillow库处理图像

一 核心概念

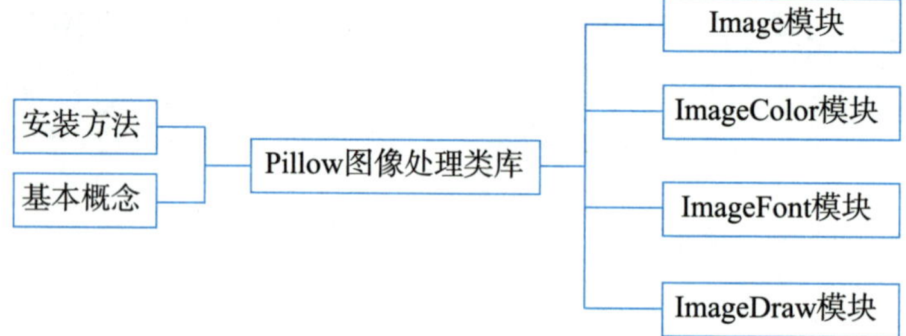

二 学习目标

1. 能掌握Pillow库的安装方法。
2. 能理解Pillow库中的基本概念。
3. 能使用Pillow库常用模块进行图形图像处理。
4. 能提升自我学习能力和分析解决问题的能力。

三 基本知识

PIL（Python Imaging Library，图像处理类库）提供了通用的图像处理功能，如图像缩放、裁剪、旋转、颜色转换等。Python 3.x的兼容版本称其为Pillow库。

1 安装Pillow库

在命令行窗口中使用pip安装Pillow库，其命令为：

```
pip install pillow
```

安装过程界面如图A2-2-1所示。

2 Pillow库的常用模块

Pillow库有很多模块，常用模块及主要功能如表A2-2-1所示。

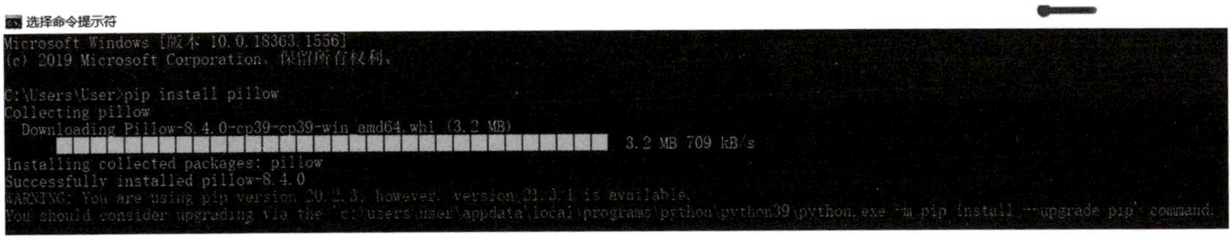

选择命令提示符

```
Microsoft Windows [版本 10.0.18363.1556]
(c) 2019 Microsoft Corporation。保留所有权利。

C:\Users\User>pip install pillow
Collecting pillow
  Downloading Pillow-8.4.0-cp39-cp39-win_amd64.whl (3.2 MB)
     |████████████████████████████████| 3.2 MB 709 kB/s
Installing collected packages: pillow
Successfully installed pillow-8.4.0
WARNING: You are using pip version 20.2.3; however, version 21.3.1 is available.
You should consider upgrading via the 'c:\users\user\appdata\local\programs\python\python39\python.exe -m pip install --upgrade pip' command.
```

图 A2-2-1　安装过程界面

表 A2-2-1　Pillow库常用模块及主要功能

常用模块	主要功能
Image	Image模块提供了一个具有相同名称的类，用于表示image对象。它有许多工厂类，包括从文件中加载图像以及创建新的图像
ImageColor	ImageColor 模块主要用于将CSS3颜色值转换成RGB元组
ImageDraw	ImageDraw 模块为Image模块提供了简单的二维图形，利用该模块可以创建新图形，修饰现有图形，然后生成新的图形以供使用
ImageFont	ImageFont 用于设置字体，它主要用在PIL.ImageDraw.ImageDraw.text() 方法中

3 Image 模块

Image模块是Pillow库中最重要的模块，它有一个类叫作Image类，与模块名称相同。Image类有很多属性和方法，如表A2-2-2和表A2-2-3所示。

表 A2-2-2　Image类的常用属性

常用属性	定义	含义
format	`im.format⇒string or None`	源文件的文件格式。如果是由Pillow创建的图像，则其文件格式为None
mode	`im.mode→string`	图像的模式。这个字符串表明图像所使用的像素格式。该属性典型的取值为“1”、“L”、“RGB”或“CMYK”
size	`im.size⇒(width,height)`	图像的尺寸。按照像素数计算，它的返回值为宽度和高度的二元组（width，height）
palette	`im.palette⇒palette or None`	颜色调色板表格。如果图像的模式是“P”，则返回ImagePalette类的实例；否则将为None
info	`im.info⇒dictionary`	存储图像相关数据的字典。文件句柄使用该字典传递从文件中读取的各种非图像信息

表 A2-2-3　Image类的常用方法

常用方法	定义	含义
new()	`Image.new(mode, size)⇒imageImage.new(mode,size, color)⇒image`	使用给定的变量mode和size生成新的图像。size是给定的宽/高二元组，这是按照像素数来计算的。对于单通道图像，变量color只给定一个值；对于多通道图像，变量color给定一个元组（每个通道对应一个值）
open()	`Image.open(file)⇒image` `Image.open(file,mode)⇒image`	打开并确认给定的图像文件

续表

常用方法	定义	含义
blend()	`Image.blend(image1, image2,alpha)⇒image`	使用给定的两张图像及透明度变量alpha，通过混合出一张新的图像。这两张图像必须有一样的尺寸和模式
composite()	`Image.composite (image1,image2, mask)⇒image`	使用给定的两张图像及mask图像作为透明度，混合出一张新的图像。变量mask图像的模式可以为“1”、“L”或者“RGBA”。所有图像必须有相同的尺寸
eval()	`Image.eval(image, function)⇒image`	使用变量function对应的方法（该方法应该有一个参数）处理变量image所代表图像中的每一个像素点。如果变量image所代表图像有多个通道，那变量function对应的方法作用于每一个通道
copy()	`im.copy()⇒image`	拷贝这个图像。如果用户想粘贴一些数据到这张图，可以使用这个方法，但是原始图像不会受到影响
crop()	`im.crop(box)⇒image`	从当前的图像中返回一个矩形区域的拷贝。变量box是一个四元组，定义了左、上、右、下的像素坐标
resize()	`im.resize(size)⇒image` `im.resize(size,filter) ⇒image`	返回改变尺寸的图像的拷贝。变量size是所要求的尺寸，是一个二元组：（width，height）
rotate()	`im.rotate(angle)⇒image` `im.rotate(angle,filter= NEAREST,expand=0)⇒image`	返回一个按照给定角度顺时钟围绕图像中心旋转后的图像拷贝
save()	`im.save(outfile,options…)` `im.save(outfile,format,options…)`	使用给定的文件名保存图像
show()	`im.show()`	显示一张图像
split()	`im.split() ⇒ sequence`	返回当前图像各个通道组成的一个元组。例如，分离一个RGB图像将产生三个新的图像，分别对应原始图像的每个通道（红，绿，蓝）
thumbnail()	`im.thumbnail(size)` `im.thumbnail(size,filter)`	修改当前图像，使其包含一个自身的缩略图，该缩略图尺寸不大于给定的尺寸。这个方法会计算一个合适的缩略图尺寸，使其符合当前图像的宽高比
transpose()	`im.transpose(method) ⇒image`	返回当前图像的翻转或者旋转的拷贝

4 ImageColor 模块

ImageColor模块包含颜色表和从CSS3样式颜色说明值转换到 RGB 元组的转换器。ImageColor模块支持以下字符串格式。

十六进制颜色说明符，表示为#rgb、#rgba、#rrggbb或者 #rrggbbaa，在这里r是红色，g是绿色，b是蓝色，a是阿尔法（也称为“不透明”）。例如，#ff0000指定纯红色，#ff0000cc指定不透明度cc为80% 的红色。ImageColor模块的常用方法如表A2-2-4所示。

表A2-2-4　ImageColor模块的常用方法

常用方法	定义	含义
getrgb()	a.PIL.ImageColor.getrgb(color)	将颜色字符串转换为RGB元组。如果无法分析字符串，则此方法将引发ValueError异常
getcolor()	b.PIL.ImageColor.getcolor(color,mode)	等同于getrgb()，但如果模式不是颜色或调色板图像，则将RGB值转换为灰度值。如果无法分析字符串，则此方法将引发ValueError异常

5 ImageDraw模块

ImageDraw模块是一个非常重要的模块，它可以给图片添加文字以及划线等。ImageDraw模块的常用方法如表A2-2-5所示。

表A2-2-5　ImageDraw模块的常用方法

常用方法	定义	含义
draw()	draw(image) ⇒ Draw instance	给指定的Image对象创建一个draw对象
arc()	draw.arc(xy,start,end,options)	在给定的区域内，在开始和结束角度之间绘制一条弧（圆的一部分）
bitmap()	draw.bitmap(xy,bitmap,options)	在给定的区域里绘制变量bitmap所对应的位图，非零部分使用变量options中fill的值来填充
chord()	draw.chord(xy,start,end,options)	和方法arc()一样，但是使用直线连接起始点
ellipse()	draw.ellipse(xy,options)	在给定的区域绘制一个椭圆形
line()	draw.line(xy,options)	在变量xy列表所表示的坐标之间画线

6 ImageFont模块

ImageFont模块定义了一个同名的类。此类的实例存储位图字体，并与PIL.ImageDraw.Draw.text()方法一起使用，可以用它来操作和创建字体对象，用于在图像上添加文本。

1）定义。

```
ImageDraw.Draw.text(xy, text, fill=None, font=None, anchor=None, spacing=0, align="left")
```

2）含义。在给定的位置上添加文本。

3）参数说明。

xy：文本的锚点坐标。

text：要绘制的字符串。

fill：用于文本的颜色。

font：一个ImageFont实例。

anchor：文本锚对齐方式。

spacing：行之间的像素数。

align：线条的相对对齐方式。

四 能力训练

任务A2-2-1　使用Pillow库进行图片处理

1 任务描述

学会使用功能强大的Pillow库，可以让图片变得多姿多彩。下面让我们使用Pillow库中的常用模块，完成对如图A2-2-2图形的生成缩略图、旋转拼接、添加图片水印和文字水印等操作。原始图片如图A2-2-2所示。

图A2-2-2　原始图片chilun. jpg

2 任务分析

任务分析如表A2-2-6所示。

表A2-2-6　任务分析表

步骤	步骤分解	关键技术
1	缩略图	打开图像文件： im=Image.open() 使用缩略图方法： im.thumbnail()
2	旋转拼接	打开图像文件： im=Image.open() 选取要旋转的图片大小： box=() 截取选定图片： region=im.crop(box) 旋转角度并粘贴： region=region.transpose() im.paste()

续表

步骤	步骤分解	关键技术

3	图片水印	分别打开两个图片文件：
		`baseim=Image.open()`
		`logoim=Image.open()`
		定位，合并图层：
		`baseim.paste()`

4	文字水印	打开原图，根据原图尺寸生成一张水印图片：
		`im=Image.open()`
		`watermark=Image.new()`
		获取文字大小和字体：
		`n_font=ImageFont.truetype()`
		`n_width,n_height=n_font.getsize()`
		依据字体尺寸大小，定位文本在水印图片上的打印位置：
		`draw=ImageDraw.Draw()`
		`draw.text()`
		水印层旋转：
		`watermark=watermark.rotate()`
		调亮水印图层的通道：
		`alpha=ImageEnhance.Brightness().enhance()`
		将新的alpha通道写入水印图片，显示出半透明白色遮罩效果：
		`watermark.putalpha()`

3 操作过程

完成本任务的操作过程如表A2-2-7所示。

表A2-2-7　操作过程表

步骤	步骤解析	关键代码
安装Pillow库	Python 3.x版本以上的解释器自带了第三方图形图像类库Pillow，安装好解释器以后，可以在命令行窗口直接输入命令，安装过程界面如图A2-2-1所示	`C:\Users\User>pip install pillow`

导入模块	Pillow库安装完成后，把任务需要使用的模块导入Pillow库。为了处理导入过程中的异常问题，可以使用异常处理语句来进行导入	`try:`
		`    from PIL import Image,ImageDraw,ImageFont`
		`except ImportError:`
		`    import Image,ImageDraw,Image`

模块化处理	为了便于代码的阅读和后期的管理与维护，也为了提高代码的复用性、更好地组织代码结构与逻辑，本节任务中的基本功能采用函数的组织形式，具体函数的基本知识，在后面的内容中有详细的介绍	

续表

步骤	步骤解析	关键代码

生成缩略图	自定义thum_img()方法完成缩略图操作，函数参数img使用open函数打开需要处理的原图文件，然后应用thumbnail函数生成指定尺寸的缩略图，最后使用save函数另存缩略图文件。注意，缩略图操作会造成图片质量的下降	# 缩略图 img：图像文件名；w，h：缩略图尺寸；img_s：缩略图文件名
		def thum_img(img, w, h, img_s):
		    im = Image.open(img) # 打开图片文件
		    im.thumbnail((w, h)) # 为chilum.jpg生成缩略图
		    im.save(img_s) # 另存缩略图
		    print("生成缩略图成功")
		    im.show(img_s)

图片旋转	在原图片的基础上截取部分图片进行旋转后，再和原图进行拼接，实现原图的指定部分内容的旋转变换	# 截图，旋转，再粘贴
		def cut_img(img):
		    im=Image.open(img) # 打开原图文件
		    width,height=im.size # 获得原图尺寸
		    """
		    box指定需要旋转图片的四角位置，
		    这里选取了图片的右边1/2图片
		    """
		    box=(width//2,0,width,height)
		    # 将box指定的图片拷贝到region
		    region=im.crop(box)
		    # 旋转region
		    region=region.transpose(Image.ROTATE_180)
		    # 将旋转后的部分图片粘贴回原图
		    im.paste(region,box)
		    # 另存新拼接成功的图片
		    im.save('img_cut.jpg')
		    print('重新拼图成功')

图片水印	将图片的缩略图作为水印图片贴在原图的右下角，此处注意水印图片的定位，需要对两个图片的尺寸进行计算	def img_watermark(img,timg):
		    baseim=Image.open(img) # 打开原图片
		    logoim=Image.open(timg) # 打开水印图片
		    # 得到两个图片的尺寸
		    bw,bh=baseim.size
		    lw,lh=logoim.size
		    # 这里对齐到原始图片右下角，进行图片粘贴
		    baseim.paste(logoim,(bw-lw,bh-lh))
		    # 另存处理好的图片
		    baseim.save('img_wm.jpg')
		    print('组合成功')

文字水印	在图片水印的基础上可以添加文字水印，这个功能经常使用，还可以灵活地对水印图片进行旋转或颜色遮罩处理	# 文本水印 img:原图文件;text:文本内容;out_file:输出文件名
		# angle:水印背景旋转角度；opacity:水印背景透明度
		def text_watermark(img,text,out_file,angle,opacity):
		    im=Image.open(img) # 打开原图
		    watermark=Image.new('RGBA',im.size,(255,255,255))
		# (255,255,255) 参数显示为白色水印背景，如不需要可以去掉
		    FONT="pala.ttf" # 设置文本字体

续表

<table>
<tr><th>步骤</th><th>步骤解析</th><th>关键代码</th></tr>
<tr><td>文字水印</td><td>在图片水印的基础上可以添加文字水印，这个功能经常被用到，还可以灵活地对水印图片进行旋转或颜色遮罩处理</td><td><pre>size=100 # 设置文字大小
n_font=ImageFont.truetype(FONT,size) # 得到字体
n_width,n_height=n_font.getsize(text) # 得到文字尺寸
text_box=min(watermark.size[0],watermark.size[1])
# watermark.size[0] 水印图片的宽度
# watermark.size[1] 水印图片的高度
# 文本的尺寸不能超过水印图片
# 文本在水印图片水平居中位置
text_width=(watermark.size[0]-n_width)/2
# 文本在水印图片垂直居中位置
text_height=(watermark.size[1]-n_height)/2
# 在水印层加画笔
draw=ImageDraw.Draw(watermark,'RGBA')
# 水印层加文字
(draw.text((text_width,text_height),text,
  font=n_font,fill=" # ff00ff"))
  # 水印层旋转
watermark=watermark.rotate(angle,Image.BICUBIC)
alpha=watermark.split()[3] # 分离出水印图片的透明度分量
# 将新的alpha通道写入水印图片
alpha=watermark.putalpha(alpha)
(Image.composite(watermark,im,watermark).
  save(out_file,'JPEG'))
print("文字水印成功")</pre></td></tr>
<tr><td>函数调用</td><td>以上函数调用示例如右侧代码所示</td><td><pre>thum_img("chilun.jpg",128,128,"img_thu.jpg") # 缩略图
cut_img("chilun.jpg") # 图片旋转
thum_img("chilun.jpg",800,600,"chilun_small.jpg")
img_watermark("chilun_small.jpg","img_thu.jpg") # 图片水印
(text_watermark("chilun_small.jpg","Flower",
  "../flower_twm.jpg",30,0.3)) # 文字水印</pre></td></tr>
</table>

问题情境

问题 在实际开发工作中文字水印的字体大小要随着图片的大小确定，不同的图片需求不一样，因此需要水印文字自适应，该如何实现呢?

提示： 在字体设置上采用循环探测的方法，自动适应图片的大小，参考代码如下。

```
while n_width+n_height<text_box:
    size+=2
    n_font=ImageFont.truetype(FONT,size=size)
    n_width,n_height=n_font.getsize(text)
# 文字逐渐放大，但是要小于图片的宽高最小值
```

五 学习结果评价

在表A2-2-8中填写对本节学习结果评价。

表A2-2-8 学习结果评价表

技能目标达成评价			
序号	评价内容	评价标准	评价结果（是/否）
1	Pillow库的基本概念	能理解Pillow库的基本概念	
		能理解Pillow库的常用模块和方法	
2	Pillow库的应用	能掌握Pillow库的安装方法	
		能使用Pillow库的常用模块和方法进行图像处理	

素养目标达成评价		
序号	评价内容	达成结果
1	自我学习能力	O感受 O提升 O践行
2	分析解决问题能力	O感受 O提升 O践行

课后作业

一、简答题

1. 简述PIL的基本功能，默写PIL安装指令。
2. 简述PIL中的主要模块及其功能。

二、实操题

1. 自选图片，使用filter()方法自选图形进行图像增强处理。
2. 自选图片，使用crop()方法对图像进行剪切操作。
3. 参照任务A2-2-1，自选图形完成图像的显示、剪切、旋转和水印等操作。

模块B 简单流程控制应用

模块描述

编程是将问题进行数据化的过程，该过程离不开数学的运算，Python具备较好的数学运算能力。本模块将输入/输出函数、数字类型变量应用于if分支语句来编写Python程序。

学习目标

- 能综合运用输入/输出函数，实现Python程序的开发。
- 能按照标识符规则，正确定义变量。
- 能完成不同数据类型之间的相互转换。
- 能正确使用数字运算操作符，实现数值的运算功能。
- 能正确使用if语句，实现程序逻辑判断。

素质目标

- 养成规范化、标准化的编写程序习惯。
- 培养选择合适操作符的能力，夯实专业技能。
- 感受我国航天事业的飞速发展，弘扬航天精神。

工作任务B1 基本数字类型编程

职业能力B1-1 能使用输入/输出函数编写Python程序

一 核心概念

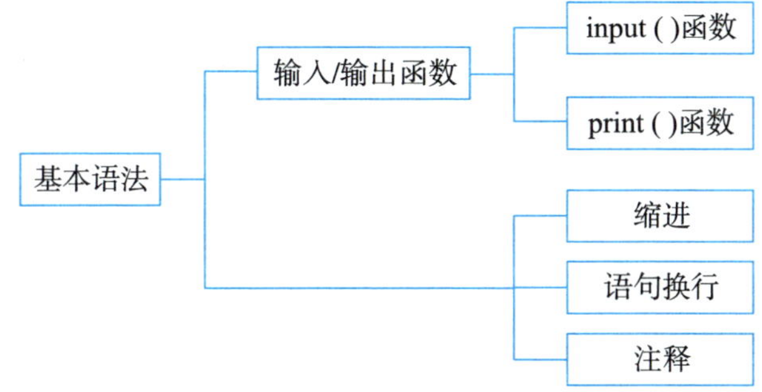

二 学习目标

1. 能使用输入函数input()实现信息的输入。
2. 能使用输出函数print()实现信息的输出。
3. 能综合运用输入/输出函数，实现Python程序的开发。
4. 能具备良好的编程习惯，编写符合规范的代码。

三 基本知识

计算机操作中，经常会进行输入/输出操作（input/output），提供I/O功能的设备就称为输入/输出设备，比如鼠标、键盘是典型的输入设备，显示器是典型的输出设备。在Python编程中，Python语言提供了内置的input()函数(输入函数)和print()函数(输出函数)，实现信息的输入与输出。

1 input()函数

input()函数的作用是从控制台获得用户的一行输入，无论用户输入什么内容，input()函数都是以字符串类型返回结果。

其语法格式如下。

```
变量=input('提示性文字')
```

下面演示input()函数的用法，示例代码如下。

```
num=input('请输入您的年龄:')
print(num)
print(type(num))   # 输出num变量的数字类型
```

运行代码，根据提示输入年龄，输入的数据会在用户按下回车键后，传递到代码中，运行结果如下。

```
请输入您的年龄:17
17
<class'str'>
```

可以看出，num的数据类型为字符串类型。想要接收数值，需要对示例中的num进行类型转换。关于数据类型的转换，将在下一节进行详细介绍。

2 print()函数

print()函数可以向控制台输出Python中任何类型的值。

其语法格式如下。

```
print(*objects,sep='',end='\n',file=sys.stdout)
```

以上格式中各参数的含义如下。

objects：表示输出的对象。输出多个对象时，对象之间需要用分隔符分隔。

sep：用于设定分隔符，默认使用空格作为分隔。

end：用于设定输出以什么结尾，默认值为换行符\n。

file：表示数据输出的文件对象。

下面通过示例演示参数sep和end的作用。

（1）参数sep的作用

仔细阅读如下代码，思考代码的运行结果。

```
x=y=z=1
print(x,y,z)
```

上述代码的运行结果如下。

```
1 1 1
```

但是，我们想要的输出结果为1,1,1，该怎么办呢？这时，可以通过sep参数的设置来实现，参考代码如下。

```
x=y=z=1
print(x,y,z,sep=',')
```

（2）参数end的作用

仔细阅读如下代码，并思考代码的运行结果。

```
print('hello')
print('world')
```

上述代码的运行结果如下。

```
hello
world
```

由于print()函数默认结束符是“\n”，因此示例中每执行一次print()函数，都会自动换行。如果想要print()函数结束后不换行，可以通过end参数的设置来实现，参考代码如下。

```
print('hello',end='')
print('world')
```

（3）print()函数的输出方式

print()函数根据输出内容的不同，常用以下几种输出方式。

1）仅用于输出字符串或单个变量，使用方式如下。

```
print(<待输出字符串或变量>)
```

例如：

```
print('小明')
print(18)
```

运行结果如下。

```
小明
18
```

2）仅用于输出一个或多个变量，使用方式如下。

```
print(<变量1>, <变量2>, …, <变量n>)
```

输出后的各变量之间用一个空格分隔。

例如：

```
name='小明'
age=18
gender='男'
print(name,age,gender)
```

运行结果如下。

```
小明 18 男
```

3）用于混合输出字符串或变量值，使用方式如下。

```
print(<字符串输出格式>.format(<变量1>, <变量2>, …, <变量n>))
```

其中，字符串输出格式中采用{}表示一个槽位置，每个槽位置对应.format()中的一个变量。

例如：

```
name='小明'
age=18
print('我的名字叫{},今年{}岁。'.format(name,age))
```

运行结果如下。

```
我的名字叫小明，今年18岁。
```

合格的程序员，不仅需要扎实的专业技能，还需要具备良好的编程习惯。拥有良好的编程习惯，不但有助于代码的移植和纠错，也有助于不同程序员之间的协作。在学习了程序的输入和输出方法之后，下面将对程序的格式框架做进一步介绍。

3 缩进

Python代码中，对于分支、循环等结构条件下的代码块和函数体等，需要使用“缩进”来确定代码之间的逻辑关系和层次关系。每一级的缩进使用4个空格。不建议使用Tab键来控制缩进，另外Python 3不允许混合使用Tab键和空格键。示例代码如下。

```
age=int(input('请输入年龄:'))
if age>=18:
    print('年满18岁,已是成年人。')
else:
    print('未满18岁,您还未成年。')
```

缩进量相同的一组语句，称为一个代码块或程序段。如果出现不规范的缩进（比如缩进的空格数不一致），则运行时会出现错误。示例代码如下。

```
age=int(input('请输入年龄:'))
if age>=18:
    print('年满18岁,已是成年人。')
    print('可以申领驾照。')
else:
    print('未满18岁,您还未成年。')
  print('只能买玩具车。')    # 该语句缩进2个空格,未按照规范缩进
```

如果代码块中存在不规范的缩进，则运行程序会出现如图B1-1-1所示错误。

```
  File "C:\Python编程基础\code\C1-1-示例代码.py", line 35
    print('只能买玩具车。')
                          ^
IndentationError: unindent does not match any outer indentation level
```

图B1-1-1 运行时出错显示

4 语句换行

Python代码中，一般要求每行不超过80个字符，但是长的导入模块语句和注释里的URL除外。处理长行的首选方法是在括号、中括号和大括号内使用Python的隐式续行。通过将长语句括在括号里，把长行分成多行。

如果一个文本字符串在一行放不下，可以使用圆括号来实现隐式连接，示例代码如下。

```
s=('天将降大任于斯人也,必先苦其心志,'
     '劳其筋骨,饿其体肤,空乏其身,'
     '行拂乱其所为,所以动心忍性,曾益其所不能。')
```

5 注释

注释是程序中的说明性文字，它的作用是为程序添加说明，提高程序的可读性，是程序的非执行部分。Python语言使用以下两种方式对程序进行注释。

（1）单行注释

单行注释以“#”符号开头，用于说明当前行或之后代码的功能。示例代码如下。

```
# 单行注释，输出打印语句
print('Hello,Python')
```

如果在语句内注释（又称内联注释，即语句和注释在同一行），则该注释应与语句之间一般用两个空格分开，并且仍然以“#”符号和一个空格开头。需要注意的是，使用内联注释，须体现注释的必要性，不然宁可不注释。示例代码如下。

```
# 有意义的注释
x=x+1  # 边框增加一个像素
# 不推荐的注释（无意义的注释）
x=x+1  # x加1
```

（2）多行注释

多行注释可以用多个“#”符号，也可以用三对英文半角单引号或三对英文半角双引号，将注释的内容括起来，主要用于说明函数或类的功能。示例代码如下。

1）使用多个“#”符号进行多行注释。

```
# 这是第一行注释
# 这是第二行注释
# 这是第三行注释
```

2）使用三对英文半角单引号进行多行注释。

```
'''
这是第一行注释
这是第二行注释
这是第三行注释
'''
```

3）使用三对英文半角双引号进行多行注释。

```
"""
这是第一行注释
这是第二行注释
这是第三行注释
"""
```

四 能力训练

任务B1-1-1 打印神舟系列飞船大事记

1 任务描述

2003年10月15日北京时间9时，杨利伟乘由长征二号F火箭运载的神舟五号飞船首次进入太空，象征着中国太空事业向前迈进一大步。神舟系列飞船大事记记录了神舟系列各飞船名称、发射日期、乘组人员和发射地点的信息。

```
*******************************************************************************
名称          发射日期              乘组信息                              发射地点
-------------------------------------------------------------------------------
神舟一号      1999年11月20日        无人飞船                          酒泉卫星发射中心
-------------------------------------------------------------------------------
神舟二号      2001年1月10日         无人飞船                          酒泉卫星发射中心
-------------------------------------------------------------------------------
神舟三号      2002年3月25日         搭载模拟人                        酒泉卫星发射中心
-------------------------------------------------------------------------------
神舟四号      2002年12月30日        搭载模拟人                        酒泉卫星发射中心
-------------------------------------------------------------------------------
神舟五号      2003年10月15日        杨利伟                            酒泉卫星发射中心
-------------------------------------------------------------------------------
神舟六号      2005年10月12日        费俊龙、聂海胜                    酒泉卫星发射中心
-------------------------------------------------------------------------------
神舟七号      2008年9月25日         翟志刚、刘伯明、景海鹏            酒泉卫星发射中心
-------------------------------------------------------------------------------
神舟八号      2011年11月1日         搭载模拟人                        酒泉卫星发射中心
-------------------------------------------------------------------------------
神舟九号      2012年6月16日         景海鹏、刘旺、刘洋（女）          酒泉卫星发射中心
-------------------------------------------------------------------------------
神舟十号      2013年6月11日         聂海胜、张晓光、王亚平（女）      酒泉卫星发射中心
-------------------------------------------------------------------------------
神舟十一号    2016年10月17日        景海鹏、陈冬                      酒泉卫星发射中心
-------------------------------------------------------------------------------
神舟十二号    2021年6月17日         聂海胜、刘伯明、汤洪波            酒泉卫星发射中心
-------------------------------------------------------------------------------
神舟十三号    2021年10月16日        翟志刚、王亚平（女）、叶光富      酒泉卫星发射中心
-------------------------------------------------------------------------------
神舟十四号    2022年6月5日          陈冬、刘洋（女）、蔡旭哲          酒泉卫星发射中心
-------------------------------------------------------------------------------
```

```
神舟十五号        2022年11月29日        费俊龙、邓清明、张陆        酒泉卫星发射中心
----------------------------------------------------------------------
神舟十六号        2023年5月30日         景海鹏、朱杨柱、桂海潮      酒泉卫星发射中心
**********************************************************************
```

本任务要求编写代码，实现打印如上所示的神舟系列飞船大事记。

2 任务分析

完成神舟系列飞船大事记的打印输出，主要分成以下两个步骤，如表B1-1-1所示。

表B1-1-1 任务分析表

步骤分解	关键技术
实现一长串星号的打印	实现一长串星号的打印，以下两种方式均可实现。 方法一： print("***...... ***")(打印70个星号)，显然该方法有点“笨”。 方法二： Print("*" *70)，该语句也能实现70个星号的连续输出
实现神舟系列飞船大事记表内容的输出	通过print()函数，输出表头及其内容，注意空格的使用，使表单整齐

3 操作过程

实现神舟系列飞船大事记打印输出的操作过程如表B1-1-2所示。

表B1-1-2 操作过程表

步骤	步骤解析	关键代码
1	分割线的打印：设置长度为70个字符的“*”及“-”构成的分割线	print('*'*70) print('-'*70) print('-'*70) print('-'*70) print('-'*70) print('-'*70) print('-'*70) print('-'*70) print('-'*70) print('-'*70) print('-'*70) print('-'*70) print('-'*70) print('-'*70) print('-'*70) print('-'*70) print('-'*70) print('*'*70)

续表

步骤	步骤解析	关键代码
2	表格内容填充：将名称、发射日期等内容填充至分割线之间	print('*'*70) print('名称　　发射日期　　乘组信息　　发射地点') print('-'*70) print('神舟一号　　1999年11月20日　　无人飞船　　酒泉卫星发射中心') print('-'*70) print('神舟二号　　2001年1月10日　　无人飞船　　酒泉卫星发射中心') print('-'*70) print('神舟三号　　2002年3月25日　　搭载模拟人　　酒泉卫星发射中心') print('-'*70) print('神舟四号　　2002年12月30日　　搭载模拟人　　酒泉卫星发射中心') print('-'*70) print('神舟五号　　2003年10月15日　　杨利伟　　酒泉卫星发射中心') print('-'*70) print('神舟六号　　2005年10月12日　　费俊龙、聂海胜　　酒泉卫星发射中心') print('-'*70) print('神舟七号　　2008年9月25日　　翟志刚、刘伯明、景海鹏　　酒泉卫星发射中心') print('-'*70) print('神舟八号　　2011年11月1日　　搭载模拟人　　酒泉卫星发射中心') print('-'*70) print('神舟九号　　2012年6月16日　　景海鹏、刘旺、刘洋（女）　　酒泉卫星发射中心') print('-'*70) print('神舟十号　　2013年6月11日　　聂海胜、张晓光、王亚平（女）　酒泉卫星发射中心') print('-'*70) print('神舟十一号　2016年10月17日　　景海鹏、陈冬　　酒泉卫星发射中心') print('-'*70) print('神舟十二号　2021年6月17日　　聂海胜、刘伯明、汤洪波　　酒泉卫星发射中心') print('-'*70) print('神舟十三号　2021年10月16日　　翟志刚、王亚平（女）、叶光富　酒泉卫星发射中心') print('-'*70) print('神舟十四号　2022年6月5日　　陈冬、刘洋（女）、蔡旭哲　　酒泉卫星发射中心') print('-'*70) print('神舟十五号　2022年11月29日　　费俊龙、邓清明、张陆　　酒泉卫星发射中心') print('-'*70) print('神舟十六号　2023年5月30日　　景海鹏、朱杨柱、桂海潮　　酒泉卫星发射中心') print('*'*70)

任务B1-1-2　健康指标BMI的动态输出

1 任务描述

随着生活水平的提高，越来越多的人关注健康问题。健康是人生第一财富，只有身体好才能学习好、工作好。BMI指数（body mass index，身体质量指数，或称体质指数或体重指数），是用体重公斤数除以身高米数平方得出的数字，是目前国际上常用的衡量人体胖瘦程度以及是否健康的一个标准。

本任务要求编写代码，通过控制台输入体重、身高等数据，计算出BMI指数，实现数据的动态输出。

BMI的定义为

$$BMI=体重（kg）/身高^2（m^2）$$

输出格式要求如下。

```
请输入姓名：小明
请输入性别：男
请输入身高（m）：1.75
请输入体重（kg）：70
*****************************************************************************
    姓名          性别          身高          体重          BMI
    小明          男            1.75          70.0          22.857143
*****************************************************************************
```

2 任务分析

任务分析表如表B1-1-3所示。

表B1-1-3　任务分析表

步骤分解	关键技术
1. 输入信息	通过input()函数，实现对数据的输入，注意input()返回的数据类型为字符串类型。如果想要输入的数据参与运算，则需要通过float()（该函数将输入数据转换成浮点型）、int()（该函数将输入数据转换成整型）等函数转换成相应的数据类型
2. 信息处理	根据给出的BMI计算公式，体质指数（BMI）= 体重（kg）/身高^2（m^2），得出BMI的值。Python中，除法运算用“/”实现，数的幂次方用“**”实现
3. 输出信息	通过print()函数，输出相关的变量。为了达到案例效果，需要对print()函数进行格式调试

3 操作过程

本任务的操作过程如表B1-1-4所示。

表B1-1-4　操作过程表

步骤	步骤解析	关键代码

1	信息的输入：
	通过input()函数，实现需求信息的输入
		`name=input('请输入姓名:')`
		`gender=input('请输入性别:')`
		`height=float(input('请输入身高（m）:'))`
		`weight=float(input('请输入体重（kg）:'))`

续表

<table>
<tr><th>步骤</th><th>步骤解析</th><th>关键代码</th></tr>
<tr><td>1</td><td>信息的输入：
通过input()函数，实现需求信息的输入</td><td>控制台显示：
请输入姓名：小明
请输入性别：男
请输入身高（m）:1.75
请输入体重（kg）:70</td></tr>
<tr><td>2</td><td>信息的处理：
根据给出的BMI计算公式，体质指数（BMI）= 体重（kg）/ 身高^2（m^2），得出BMI的值</td><td>BMI=weight/height**2</td></tr>
<tr><td>3</td><td>信息的输出：
通过不同的方法，实现对信息的输出</td><td>方法一：以函数参数的形式输出，参考代码如下。
print('*'*50)
print('姓名   性别   身高   体重   BMI')
print(name,"   ",gender,"   ",height,
  "",weight,"   ",BMI)
print('*'*50)
方法二：使用f-string格式化输出字符串，参考代码如下。
print('*'*50)
print('姓名   性别   身高   体重   BMI   ')
print(f'{name} {gender} {height} {weight} {BMI}')
print('*'*50)
方法三：使用format()函数格式化输出，参考代码如下。
print('*'*50)
print('姓名   性别   身高   体重   BMI')
print('{}   {}   {}   {}   {}'.format(name,gender,
height,weight,BMI))
print('*'*50)
方法四：使用%格式化输出，参考代码如下。
print('*'*50)
print('姓名   性别   身高   体重   BMI')
print('%s   %s   %f   %f   %f'% (name,gender,
height,weight,BMI))
print('*'*50)</td></tr>
</table>

问题情境

问题 不管用哪种输出方法，由于变量BMI转换为浮点数类型，输出数据的小数部分默认为6位，如下所示。如何能使得输出的时候保留2位小数点位?

控制台显示：
请输入姓名：小明
请输入性别：男
请输入身高（m）：1.75
请输入体重（kg）：70

```
**************************************************
姓名        性别        身高        体重        BMI
小明        男        1.750000        70.000000        22.857143
**************************************************
```

提示：通过格式化字符串实现，修改代码如下。

```
name=input('请输入姓名：')
gender=input('请输入性别：')
height=float(input('请输入身高（m）：'))
weight=float(input('请输入体重（kg）：'))
BMI=weight /height **2
print('*'*50)
print('姓名  性别  身高  体重  BMI  ')
print('%s   %s   %.2f  %.2f  %.2f' % (name,gender,height,weight,
  BMI))
print('*'*50)
```

控制台显示：

```
请输入姓名：小明
请输入性别：男
请输入身高（m）：1.75
请输入体重（kg）：70
**************************************************
姓名  性别  身高  体重  BMI
小明  男  1.75  70.00  22.86
**************************************************
```

五 学习结果评价

在表B1-1-5中填写本节学习结果评价。

表B1-1-5　学习结果评价表

技能目标达成评价			
序号	评价内容	评价标准	评价结果（是/否）
1	input()函数的使用	能根据需求编写正确的input()函数，实现输入功能	
2	print()函数的使用	能根据任务要求，编写正确的print()函数，实现信息的输出	
3	注释的使用	能根据实际情况，对程序进行必要的注释	
4	语句换行的应用	能根据实际情况，正确实现语句换行	
5	缩进的实现	能根据实际情况，实现语句的缩进，保证程序的正常执行	

续表

素养目标达成评价		
序号	评价内容	达成结果
1	养成规范化、标准化的编写程序习惯	○感受 ○提升 ○践行
2	感受我国航天事业的飞速发展，弘扬航天精神	○感受 ○提升 ○践行

课后作业

一、选择题

1．Python中使用（　　）表示单行注释。

A．#　　B．/　　C．//　　D．<!---->

2．阅读以下程序，选择正确的输出结果。

```
x=3
y=4
```

print(x，y，sep=""，end="=xy")的运行结果为（　　）。

A．xy12　　B．xy=12　　C．34=xy　　D．34=12

3．print("hello"，"my name is"，sep="，"，end=" Python")的运行结果为（　　）。

A．hello，my name is Python

B．hello my name is Python

C．hello my name is，Python

D．hello my name is，Python

4．Python语言通过（　　）来实现语句之间的逻辑关系。

A．{ }　　B．( )　　C．缩进　　D．#

5．Python语言print("hello world")的输出是（　　）。

A．("hello world")　　B．"hello world"

C．hello world　　D．'hello world'

二、编程题

1．编写程序完成航天天舟系列飞船信息的打印，至少包括名称、发射时间等。

2．编写程序，要求程序能根据用户输入的半径数据计算圆的周长及面积，并分别输出圆的周长及面积。

3．编写程序，输入一个华氏温度（F），要求输出摄氏温度（℃）。华氏温度和摄氏温度之间的换算公式为F=1.8℃+32，结果保留两位小数。

职业能力B1-2
能使用数字类型编写Python程序

一 核心概念

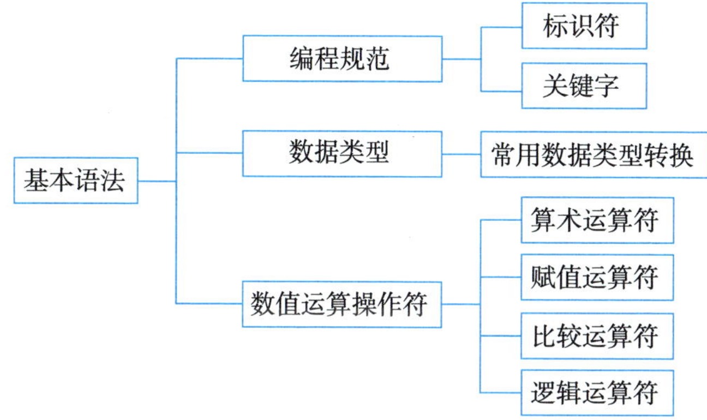

二 学习目标

1. 能按照标识符规则正确定义变量。
2. 能完成不同数据类型之间的转换。
3. 正确使用数字运算操作符，实现数值的运算功能。
4. 能具备良好的编程习惯，编写符合规范的代码。

三 基本知识

1 标识符

婴儿一出生，爸爸妈妈就要给宝宝起名字；去菜市场买菜，需要告诉卖家是要胡萝卜还是青菜；去住酒店，前台会告诉你房间号……为了方便沟通与交流，人们会用不同的名称标记不同的事物。

在计算机编程语言中，标识符是开发人员编程时给变量、常量、函数等起的名字，以建立起名称和使用之间的关系。Python中的标识符，需要遵守如下规定。

1）标识符只能是字母、数字或下划线。

2）第一个字符不能以数字开头，必须是字母或下划线。

3）区分大小写，比如Name和name是两个不同的标识符。

4）Python中不允许开发人员使用关键字作为标识符，比如def、class就不能作为标识符。

前面讨论了标识符命名的合法性，但仅仅要求标识符合法还不够优秀，软件开发中规范的命名能够使代码简洁美观。完美的命名规范是一个程序员最基本的技能。

常用的命名方式有以下两种。

（1）驼峰命名法

混合使用大小写字母来构成变量和函数的名字，以大写字母代替语句间隔的命名方法。

大驼峰命名：每个单词的首字母大写。比如DataBaseUser、FirstName等。大驼峰命名法常用于对类名的命名。

小驼峰命名：第一个单词的首字母小写，从第二个单词开始单词首字母大写。比如myStudentCount、myNumber等。小驼峰命名法常用于对变量的命名。

（2）下划线命名法

使用下划线来代替单词间隔的命名，比如my_name等。

2 关键字

在Python中，具有特殊功能的标识符称为关键字。关键字是Python语言已经使用的标识符，不允许开发者自己定义与关键字相同名字的标识符。

Python 3中一共定义了35个关键字，这些关键字都存储在keyword模块的kwlist中，通过查看变量kwlist可查看Python中的关键字，示例代码如下。

```
import keyword
print(keyword.kwlist)
```

运行上述代码，将会得到如下关键字。

False	None	True	and	as	assert
async	await	break	class	continue	def
del	elif	else	except	finally	for
from	global	if	import	in	is
lambda	nonlocal	not	or	pass	raise
return	try	while	with	yield	

通过输入help('关键字')命令，可以查看关键字的声明。例如，查看if关键字的声明，可以输入以下代码。

```
help('if')
```

运行结果如图B1-2-1所示。

```
The "if" statement
******************

The "if" statement is used for conditional execution:

   if_stmt ::= "if" assignment_expression ":" suite
               ("elif" assignment_expression ":" suite)*
               ["else" ":" suite]

It selects exactly one of the suites by evaluating the expressions one
by one until one is found to be true (see section Boolean operations
for the definition of true and false); then that suite is executed
(and no other part of the "if" statement is executed or evaluated).
If all expressions are false, the suite of the "else" clause, if
present, is executed.

Related help topics: TRUTHVALUE


Process finished with exit code 0
```

图 B1-2-1　help命令运行结果

3 数字类型

Python支持多种数据类型，根据数据存储形式的不同，可分为数字类型、字符串类型及组合数据类型。组合数据类型包括列表类型、元组类型、字典类型及集合类型等。其中，组合数据类型将在后续章节做详细介绍，本节重点介绍数字类型数据。

Python中的数字类型主要有整数类型、浮点数类型和复数类型。

（1）整数类型

整数类型（int）简称整型，与数学中整数的概念一致，在Python中只要计算机内存足够大，可以使用任意大小的整数，没有取值范围的限制。

整数类型通常用4种进制表示，分别为二进制、八进制、十进制和十六进制，如表B1-2-1所示。

表 B1-2-1　整数类型的4种进制表示

进制种类	表示符号	描述
二进制	以“0b”或“0B”开头	逢二进一，由字符0或1组成； 例如，十进制数20，用二进制表示为0b10100
八进制	以“0o”或“0O”开头	逢八进一，由字符0～7组成； 例如，十进制数20，用八进制表示为0o24
十进制	无	逢十进一，默认情况
十六进制	以“0x”或“0X”开头	逢十六进一，由字符0～9、a～f或A～F组成； 例如，十进制数20，用十六进制表示为0x14

程序无论以哪种进制表示数据，在计算机内部都以相同格式存储数据，进制间的运算结果默认以十进制方式显示。Python提供了进制间转换的内置函数，其功能描述如表B1-2-2所示。

表B1-2-2 Python进制转换函数及功能描述

函数名	功能描述	函数名	功能描述
bin(x)	将x转换为二进制数	int(x)	将x转换为十进制数
oct(x)	将x转换为八进制数	hex(x)	将x转换为十六进制数

（2）浮点数类型

浮点数类型（float）与数学中实数的概念一致，表示带有小数的数值。Python中表示浮点数类型，必须带有小数部分，小数部分可以是0。如10.0、3.14等。如果写成10，则该数为整数。

浮点数有十进制数表示和科学记数法表示两种表示方法。

浮点数用十进制数表示的有：1100.0、-1010.1、0.12等。

浮点数用科学记数法表示，其格式为：$a\times10^{n}$（$1\leqslant|a|<10$）。在Python中，则使用e或E指代底数10，如1100.0用科学记数法表示为1.1e3，-1010.1用科学记数法表示为-1.0101e3，0.12用科学记数法表示为1.2e-1等。

（3）复数类型

复数类型与数学中的复数概念一致，在Python语言中，其表现形式为a+bj，其中a为实数部分，简称实部；b为虚数部分，简称虚部，j是虚部单位。含有虚部单位的数被称为复数。

4 数据类型转换

在某些场景中，Python需要进行数据类型的转换。例如，通过输入的数据，对其进行加10操作，示例代码如下。

```
a=int(input('请输入一个数:'))
c=a+10
print(c)
```

运行代码，结果如下。

```
请输入一个数:10
20
```

Python为我们提供了多种可实现数据类型转换的函数，函数名及功能描述如表B1-2-3所示。

表B1-2-3 常用数据类型转换函数及功能描述

函数名	功能描述
int(x)	将x转换为整数，x可以是浮点数或字符串类型。 int()函数无法将一个非数字字符串转换成整数，比如int('h2')，程序会报错

续表

函数名	功能描述
float(x)	将x转换为浮点数，x可以是整数或字符串类型
str(x)	将x转换为字符串，x可以是整数或浮点数
complex(x)	将x转换为复数类型

输入如下示例代码。

```
print(int(10.1))
print(float(10))
print(str(123))
print(complex(2))
```

运行代码，输出结果如下。

```
10
10.0
123
(2+0j)
```

5 数值运算操作符

（1）算术运算符

算术运算符可用来对数字进行算术运算。Python常用算术运算符如表B1-2-4所示。

表B1-2-4　Python常用算术运算符

名称	操作符	说明	示例	结果
加法	+	将两个操作数相加，取两数之和	10+4	14
减法	-	将两个操作数相减，取两数之差	10-4	6
乘法	*	将两个操作数相乘，取两数之积	10*4	40
除法	/	将两个操作数相除，取两数之商，产生的结果为浮点数	10/4	2.5
			10/5	2.0（浮点数）
整除	//	将两个操作数相除，结果取商的整数部分	10//4	2
			10//3	3
取余	%	将两个操作数相除，结果取商的余数部分	10 % 4	2
			10 % 3	1
求幂	**	将两个操作数进行幂运算，x**y表示获取x的y次幂	10 **3	1000

不同类型的数值进行运算，会产生类型的改变，基本规则如下。

1）整型和浮点型混合运算，输出结果为浮点型数据。

2）整型或浮点型数据与复数运算，输出结果为复数。

（2）赋值运算符

赋值运算符用来把右侧的值传递给左侧的变量（或者常量）；可以直接将右侧的值赋

给左侧的变量，也可以进行某些运算后再赋给左侧的变量，比如加减乘除、函数调用、逻辑运算等。

1）简单赋值运算符。Python 中最常见、最基本的赋值运算符为“=”，把右侧的值传递给左侧的变量，如num=3。赋值运算符允许同时为多个变量赋值，示例代码如下。

```
a=b=c=5
print(a,b,c)
```

运行代码，输出结果如下。

```
5 5 5
```

2）复合赋值运算符。“=”还可以与算术运算符结合，组成复合赋值运算符。复合赋值运算符使得赋值语句更加简洁、方便。常见复合赋值运算符如表B1-2-5所示。

表B1-2-5 常见复合赋值运算符

复合赋值运算符	表达式	等价形式	示例
+=	a += b	等价于a=a+b	a=10 b=4 a+=b print(a) 运行结果:14
-=	a-= b	等价于a=a-b	a=10 b=4 a-=b print(a) 运行结果:6
*=	a *= b	等价于a=a*b	a=10 b=4 a*=b print(a) 运行结果:40
/=	a /= b	等价于a = a /b	a=10 b=4 a/=b print(a) 运行结果:2.5
//=	a //= b	等价于a = a //b	a=10 b=4 a//=b print(a) 运行结果:2
%=	a %= b	等价于a = a % b	a=10 b=4 a%=b print(a) 运行结果:2

续表

复合赋值运算符	表达式	等价形式	示例
**=	a **= b	等价于 a = a **b	a=10 b=4 a**=b print(a) 运行结果:10000

（3）比较运算符

比较运算符也称为关系运算符，用于对常量、变量或表达式的结果进行大小比较。如果这种比较是成立的，则返回 True（真）；反之则返回 False（假）。比较运算符如表B1-2-6所示。

表 B1-2-6　比较运算符

名称	操作符	说明	示例	结果
大于	>	比较左操作数是否大于右操作数，如果大于返回True，否则返回False	6 >5	True
大于等于	>=	比较左操作数是否大于或等于右操作数，如果大于或等于返回True，否则返回False	4>=5	False
小于	<	比较左操作数是否小于右操作数，如果小于返回True，否则返回False	4<5	True
小于等于	<=	比较左操作数是否小于或等于右操作数，如果小于或等于返回True，否则返回False	6<=5	False
等于	==	比较左操作数是否等于右操作数，如果等于返回True，否则返回False	5==5	True
不等于	!=	比较左操作数是否不等于右操作数，如果不等于返回True，否则返回False	6!=5	True

（4）逻辑运算符

Python中的逻辑运算符主要有and、or和not，按照一定的规则，实现相关的条件。逻辑运算符如表B1-2-7所示。

表 B1-2-7　逻辑运算符

名称	操作符	说明	示例	结果
逻辑与	a and b	如果a的布尔值是False，则直接返回False，否则返回b的值	10 and 20	20
			6<5 and 20	False
逻辑或	a or b	如果a的布尔值是True，则直接返回True，否则返回b的值	10 or 20	10
			6<7 or 20	True
非	not a	若 a 为真，则 not a 的结果为False； 若 a 为假，则 not a 的结果为True	not 6<7	False
			not 6<5	True

（5）运算符优先级

Python为每种运算符都设定了优先级，其运算符按照优先级由高到低排序，如表B1-2-8所示。

表B1-2-8　Python运算符按优先级由高到低排序

运算符	描述
**	幂（最高优先级）
*、/、%、//	乘、除、取余、整除
+、-	加法、减法
>>、<<	按位右移、按位左移
&	按位与
^、|	按位异或、按位或
==、!=、>=、>、<=、<	比较运算符
in、not in	成员运算符
not、and、or	逻辑运算符
=	赋值运算符

如果表达式中的运算符优先级相同，则按从左向右的顺序执行。如果表达式中包含小括号，那么解释器会优先执行小括号中的子表达式。

四　能力训练

任务B1-2-1　工资计算器

1　任务描述

在实习期，小明去了一家软件公司实习。根据相关规定，收入超过800元后的部分需要缴纳20%的税费。下面请编写一个小程序计算小明实习后，到手能拿到的工资及需要缴纳的税费。

2　任务分析

根据任务描述，程序建模过程如表B1-2-9所示。

表B1-2-9　任务分析表

步骤	步骤分解	关键技术
1	询问一个月实际工作的天数	使用input()函数
2	询问每天的实习工资是多少	使用input()函数； 注意数据类型的转换

续表

步骤	步骤分解	关键技术
3	计算超出800元的收入数目，其20%作为缴纳的税费	写出计算公式： 税费=（工作天数*每天的实习工资-800）*20%
4	将总工资数减去税费，作为最终的到手工资	写出计算公式： 到手工资=总工资-税费
5	向实习员工显示到手的工资数及税费额	使用print()函数

3 操作过程

先尝试编写注释，概括出解决该问题的步骤，然后在每条注释下面填入程序。工资计算器操作过程如表B1-2-10所示。

表B1-2-10　操作过程表

步骤	步骤解析	关键代码

1	询问一个月实际工作的天数；
	需要将输入的input()的默认字符串类型转换成整型
		# 询问一个月实际工作的天数
		workday=int(input('请输入一个月实际工作的天数:'))

2	询问每天的实习工资是多少	# 询问每天的实习工资是多少钱
		salary_per_day=float(input('请输入每天的实习工资:'))

3	计算超出800元的收入数目，其20%作为缴纳的税费	# 计算超出800元的收入数目，其20%作为缴纳的税费
		tax=(workday*salary_per_day-800)*0.2

4	将总工资数减去税费，作为最终的到手工资	# 将总工资数减去税费，作为最终的到手工资；
		salary=workday*salary_per_day-tax

5	向实习员工显示到手的工资数及税费额	# 向实习员工显示到手的工资数及税费额
		print(f'该实习人员缴纳的税费是:{tax}')
		print(f'该实习人员的实际到手工资是:{salary}')

6	运行程序，验证结果的正确性	请输入一个月实际工作的天数:22 请输入每天的实习工资:150 该实习人员缴纳的税费是:500.0 该实习人员的实际到手工资是:2800.0

任务B1-2-2　设计时间转换程序

1 任务描述

本任务需要建立一个时间转换程序，该程序的设计思想是输入以秒为单位的整数时间后将其转换为小时、分钟和秒的形式。例如：输入3600秒，则输出为1小时0分钟0秒；输入3663秒，则输出为1小时1分钟3秒。

2 任务分析

任务分析表如表B1-2-11所示。

表B1-2-11 任务分析表

步骤	步骤分解	关键技术
1	确认需求功能	根据任务描述，该程序的设计思想是输入以秒为单位的整数时间后将其转换为小时、分钟和秒的形式
2	梳理IPO	I：Input输入，程序的输入。本任务的输入：总秒数。 P：Process处理，程序的主要逻辑。本任务的处理：编写程序，实现将总秒数变为小时、分钟和秒的转换。 O：Output输出，程序的输出。本任务的输出：小时数、分钟数及秒数
3	程序设计	由于程序流程比较明确，此处着重考虑如何实现总秒数向小时数等的转换。 转换过程为：秒数除以3600后的整数商为小时数，其余数除以60后的整数商为分钟数，最后的余数则为秒数

3 操作过程

先尝试编写注释，概括出解决该问题的步骤，然后在每条注释下面填入程序。时间转换程序操作过程如表B1-2-12所示。

表B1-2-12 操作过程表

步骤	步骤解析	关键代码

1	输入以秒为单位的整数时间	# 输入以秒为单位的整数时间
		total_second=int(input('请输入总秒数:'))

2	获取小时数：
	秒数除以3600后的整数商为小时数
		# 获取小时数
		hour=total_second //3600

3	获取分钟数：
	去掉转换成小时的秒数，其余数除以60后的整数商为分钟数
		# 获取分钟数
		minute=(total_second % 3600) //60

4	获取秒数：
	去掉转换成小时、分钟的秒数，其余的为秒数
		# 获取秒数
		second=total_second % 60

5	打印输出数据	# 打印输出 print('{}秒为:{}小时,{}分钟,{}秒'.format(total_second, hour,minute,second))
6	运行程序，验证结果的正确性	请输入总秒数:7289 7289秒为:2小时,1分钟,29秒

问题情境

问题1 在Python中变量定义的时候并没有声明数据类型，如何获悉该变量的数据类型？

提示： Python语言提供type()函数用于获取变量的数据类型，示例代码如下。

```
print(type(1.0))
```

输出结果如下。

```
<class 'float'>
```

问题2 通过算术运算符可以实现两数的加、减、乘、除等基本的计算功能。有没有快速获取一个数的绝对值、求一个数的平方等其他数值运算的方法？

提示： Python解释器提供了一些预装函数（称为内置函数），在这些函数中，有一些函数提供了数值运算，如表B1-2-13所示。

表B1-2-13 内置算术运算函数

函数	说明
abs（x）	x的绝对值
divmod（x,y）	（x//y，x%y），输出为元组形式
pow（x,y）	等价于x**y
round（x,d）	对x四舍五入，保留d位小数点。如果不写d，则返回四舍五入的整数值
max（$x_1,x_2,\cdots,x_n$）	$x_1,x_2,\cdots,x_n$的最大值
min（$x_1,x_2,\cdots,x_n$）	$x_1,x_2,\cdots,x_n$的最小值

五 学习结果评价

在表B1-2-14中填写本节学习结果评价。

表B1-2-14 学习结果评价表

技能目标达成评价			
序号	评价内容	评价标准	评价结果（是/否）
1	标识符的应用	能够按照标识符的规则定义相关变量	
2	关键字的应用	能正确使用关键字编写代码	
3	数据类型的转换	能正确使用数据类型转换函数，实现数据的使用	
4	数值运算操作符	能正确使用数值运算操作符实现任务需求	
素养目标达成评价			
序号	评价内容	达成结果	
1	养成规范的、标准化的编写程序的习惯	O感受 O提升 O践行	
2	培养选择合适的数值运算操作符的能力，具备扎实的专业技能	O感受 O提升 O践行	

课后作业

一、选择题

1. 下列选项中，不属于Python关键字的是（　　）。

A．if　　B．and　　C．in　　D．true

2. 以下变量命名不合法的是（　　）。

A．_name　　B．and_　　C．1_num　　D．for1

3. 将num转换成二进制数的函数是（　　）。

A．bin(num)　　B．oct(num)　　C．int(num)　　D．hex(num)

4. 与0xf3值相等的是（　　）。

A．343　　B．243　　C．0b11100101　　D．363

5. 下列函数中，可以将数值类型转换为字符串的是（　　）。

A．complex()　　B．str()　　C．float()　　D．sting()

二、简答题

1．编写一个时间转换程序，以小时、分钟和秒的方式输入，然后将其转换为以秒为单位的时间。

2．输入一个十进制整数，分别输出其二进制、八进制、十六进制字符串。

3．输入一个四位数整数，请分别输出该整数的千位数、百位数、十位数及个位数。

工作任务 B2 分支语句实现程序逻辑判断

职业能力B2-1 能使用if语句编写Python程序

一 核心概念

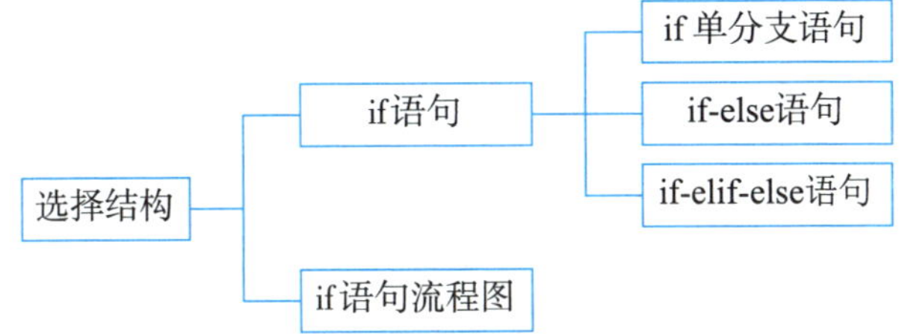

二 学习目标

1. 能概述if语句的语法结构。
2. 能绘制if语句的流程图。
3. 能正确使用if语句，实现程序逻辑判断。
4. 能提升需求理解能力和程序逻辑思维能力。

三 基本知识

Python语句的默认执行顺序是自上而下，但有时候需要程序根据情况做出判断后改变语句的执行顺序，完成部分代码的选择执行。现实生活中需要选择的场景很多，例如，恒温加热器需要不断地检测温度，用以调整升温或降温的工作模式；扫地机器人需要不断地监测所处的环境和位置，以确定运行线路和规划清扫任务。在这些例子中都需要依据逻辑判断，选择不同的程序控制设备工作。

在 Python 中，可以使用 if-else 语句对条件进行判断，然后根据不同的结果执行不同的代码，这称为选择结构或者分支结构。Python 中的 if-else 语句可以细分为三种形式，分别是if单分支语句、if-else 语句和 if-elif-else 语句。

表达式可以是一个单一的值或者变量，也可以是由运算符组成的复杂语句，形式不限，只要它能得到一个值就行。不管表达式的结果是什么类型，if-else都能判断它是否成立（真或者假）。代码块由具有相同缩进量的若干条语句组成，if、elif、else 语句的最后都有冒号。

if语句的三种形式如表B2-1-1所示。

表B2-1-1　if语句的三种形式

语法格式	执行流程	说明
if 表达式: 　　代码块	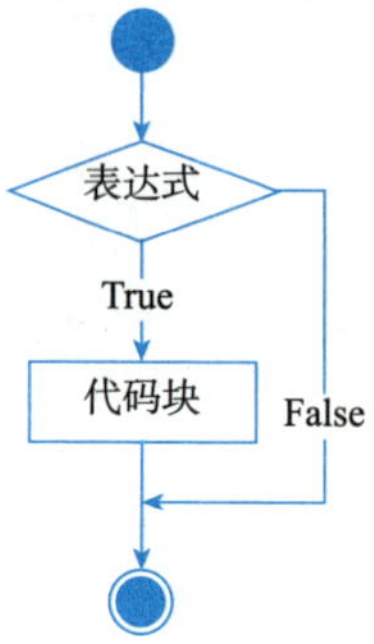 表达式 True 代码块 False	如果表达式成立（真），就执行后面的代码块；如果表达式不成立（假），就什么也不执行

if 表达式:
　　代码块1
else:
　　代码块2
	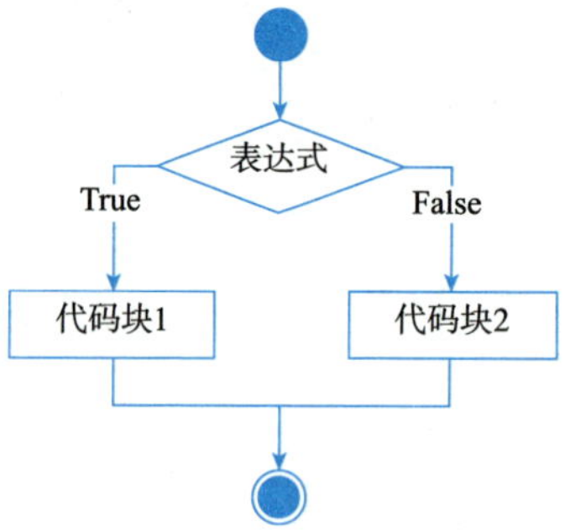 表达式
	True　False
	代码块1　代码块2
		如果表达式成立，就执行if后面的代码块1；如果表达式不成立，就执行else后面的代码块2

if 表达式1:
　　代码块1
elif 表达式2:
　　代码块2
elif 表达式3:
　　代码块3
...//其他elif语句
else:
　　代码块n
	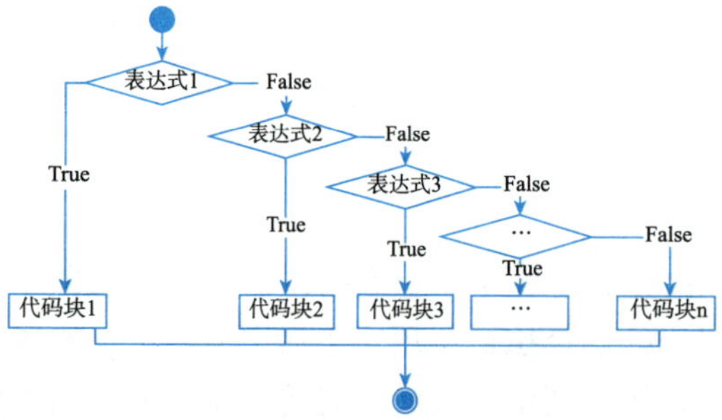 表达式1　False
	表达式2　False
	表达式3　False
	…　False
	True　True　True　True
	代码块1　代码块2　代码块3　…　代码块n
		Python 会从上到下逐个判断表达式是否成立，一旦遇到某个成立的表达式，就执行后面紧跟的语句块；此时，剩下的代码就不再执行了，不管后面的表达式是否成立。如果所有的表达式都不成立，就执行 else 后面的代码块

执行过程最简单的就是第一种形式，只有一条分支路径；对于第二种形式，有两条分支路径；对于第三种形式，有多条分支路径。总之，不管有多少个分支，都只能执行一个分支，或者一个也不执行，不能同时执行多个分支。

四 能力训练

任务B2-1-1 模拟无人驾驶小车行驶线路

1 任务描述

“科技是国之利器，国家赖之以强，企业赖之以赢，人民生活赖之以好。”人工智能技术在汽车行业、交通领域应用广泛，无人驾驶研究近几年得到快速发展。

本任务使用分支结构代码，运用turtle绘图工具，绘制模拟无人驾驶汽车的行驶路线，通过编程绘制如图B2-1-1所示的四边形回文路线。其中，画布大小设置为500×500像素，画笔粗细为5像素，画布颜色为浅灰色。

图B2-1-1 四边形回文路线

2 任务分析

观察图形，可以将回文路线的绘制分成以下几个步骤，如表B2-1-2所示。

表B2-1-2 任务分析表

步骤	步骤分解	演示样例	关键技术
1	设置输入条件	是否绘制小车回文行驶路线y/n?	设置输入条件，判断是否需要绘制行驶路线
2	选择绘制路线，进行绘制初始设置		设置画布大小和颜色、画笔粗细等
3	分析回文路线，绘制方法同正方形		通过观察路线图形发现，绘制回文路线应先绘制直线，然后偏转90°角继续绘制直线，再偏转……重复多次，形成回文。需要注意的是，每次绘制的直线长度要逐渐加长

3 操作过程

根据任务分析表，选择绘制回文路线图形的过程如表B2-1-3所示。

表B2-1-3　操作过程表

<table>
<tr><th>步骤</th><th>步骤解析</th><th>关键代码</th></tr>
<tr><td>1</td><td>使用if语句的分支结构，选择是否需要绘制回文路线。
注意：
if语句控制的语句块需要缩进输入</td><td>answer=input("是否绘制小车回文行驶路线y/n?")
if answer=="y":　# if语句对是否需要绘制小车回文路线进行选择
　　print("绘制中，请稍后……")</td></tr>
<tr><td>2</td><td>当输入“y”字符，if语句表达式成立后，开始执行语句块</td><td>import turtle
t=turtle.Pen()
# 设置画布大小和颜色
turtle.screensize(500,500,"gainsboro")
t.color("red")
t.width(5)
t.forward(5)
t.left(90)
t.forward(10)
t.left(90)
t.forward(15)
t.left(90)
……　# 此处省略重复的图像绘制过程
turtle.exitonclick()　# 等待单击鼠标后退出绘制</td></tr>
<tr><td>3</td><td>运行程序，验证结果的正确性</td><td></td></tr>
</table>

任务B2-1-2　BMI健康指标判断

1 任务描述

本任务在任务B1-1-2的基础上，对计算出的BMI数据进行身体健康判断。BMI结果参考如图B2-1-2所示。

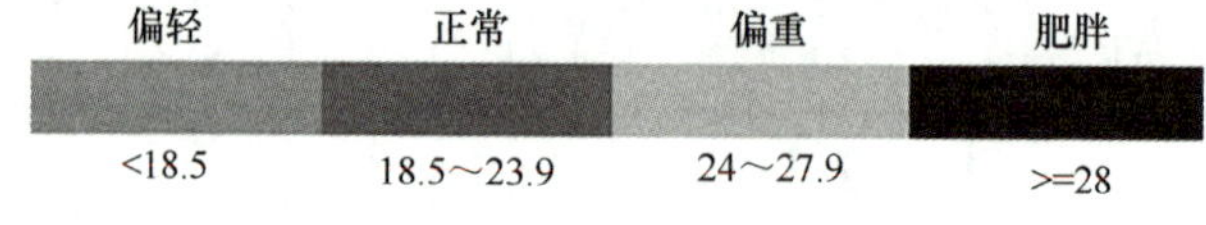

图B2-1-2　BMI结果参考

2 任务分析

任务分析表如表B2-1-4所示。

表 B2-1-4 任务分析表

步骤	步骤分解	关键技术
1	输入身高（m）：1.65 输入体重（kg）：65	注意输入数据的数据类型和单位。这里都用float类型
2	指数计算 `BMI = weight /(height *height)`	BMI计算公式
3	设置分支条件 偏轻 <18.5；正常 18.5～23.9；偏重 24～27.9；肥胖 >=28	依据BMI值设置分支条件的数据范围；选择多分支if语句

3 操作过程

根据任务分析表，实现BMI指数计算程序过程如表B2-1-5所示。

表 B2-1-5 操作过程表

步骤	步骤解析	关键代码
1	输入身高、体重，注意输入的数据是字符串类型，需要转换数据类型	`height=float(input("输入身高（m）:"))` `weight=float(input("输入体重（kg）:"))`
2	计算BMI值	`BMI=weight/(height*height)  # 计算BMI值`

3	BMI四舍五入保留一位小数	`# 使用格式字符串函数format()四舍五入保留一位小数`
		`# 再使用float()函数将字符串转化为浮点数类型`
		`BMI=float(format(BMI,".1f"))`

4	使用多分支的if语句完成程序，注意分支条件的逻辑关系	`if BMI<18.5:`
		`    print("体重过轻，增加营养")`
		`elif BMI<=23.9:`
		`    print("正常范围，注意保持")`
		`elif BMI<=27.9:`
		`    print("体重过重，加强锻炼")`
		`else:`
		`    print("肥胖情况，专家咨询")`

5	调试优化后的代码，验证程序正确性	输入身高（m）：1.65 输入体重（kg）：65 BMI指数为：23.9 正常范围，注意保持 输入身高（m）：1.50 输入体重（kg）：65 BMI指数为：28.9 肥胖情况，专家咨询

问题情境

问题　在实际工作中，if语句的分支顺序是程序员必须要考虑的重要细节，同样的分支条件、不同的分支顺序可能导致意想不到的错误。看下面一个例子：输入一个整数num，如果num%3==0，请输出“只能被3整除”；如果num%5==0，请输出“只能被5整除”；如果num%3==0 并且num%5==0，请输出“既能被3整除又能被5整除。”

示例代码如下。

```
num=int(input("请输入整数:"))
if num%3==0:
    print(num,"只能被3整除! ")
elif num%5==0:
    print(num,"只能被5整除! ")
elif num%3==0 and num%5==0:
    print(num,"既能被3整除又能被5整除! ")
```

运行结果如下。

```
请输入整数:15
15 只能被3整除!
```

可以看出，程序并没有得到正确的结果。

提示：分析程序可看出，程序的分支顺序问题导致了结果的错误。在上面程序中，当输入num=15的时候，if语句直接执行了第一个分支，然后就结束了程序，因此并没有给出预想的结果。解决这个问题需要调整if语句分支的顺序，代码如下。

```
num=int(input("请输入整数:"))
if num%3==0 and num%5==0:
    print(num,"既能被3整除又能被5整除! ")
elif num%5==0:
    print(num,"只能被5整除! ")
elif num%3==0:
    print(num,"只能被3整除! ")
```

运行结果如下。

```
请输入整数:15
15 既能被3整除又能被5整除!
```

五　学习结果评价

在表B2-1-6中填写本节学习结果评价。

表 B2-1-6 学习结果评价表

技能目标达成评价			
序号	评价内容	评价标准	评价结果（是/否）
1	单分支if语句的应用	能默写if单分支结构的语法	
		能绘制if单分支语句的流程图	
		能应用if单分支语句进行编程	
2	双分支if语句的应用	能默写if双分支结构的语法	
		能绘制if双分支语句的流程图	
		能应用if双分支语句进行编程	
3	多分支if语句的应用	能默写if多分支结构的语法	
		能绘制if多分支语句的流程图	
		能应用if多分支语句进行编程	
素养目标达成评价			
序号	评价内容	达成结果	
1	理解能力和程序逻辑思维能力	○感受 ○提升 ○践行	
2	科技强国和体质强国的思想意识	○感受 ○提升 ○践行	

课后作业

编程题

1. 输入一个整数a，如果a为偶数，输出yes。

2. 输入三个整数，输出它们中的最大值。

3. 输入温度t的值，判断是否适合晨练。（25<=t<=30，则适合晨练，输出ok；否则不适合，输出no）

4. 根据从键盘上输入表示星期几的数字，对应输出它的英文名称。

5. 小红的朋友约她一起去看电影，但小红每周的1、3、5有课且必须上课，请输入日期并帮助小红判断她是否能够接受朋友的邀请。如果能，输出yes；如果不能，输出no。

职业能力B2-2 能使用if语句嵌套编写Python程序

一 核心概念

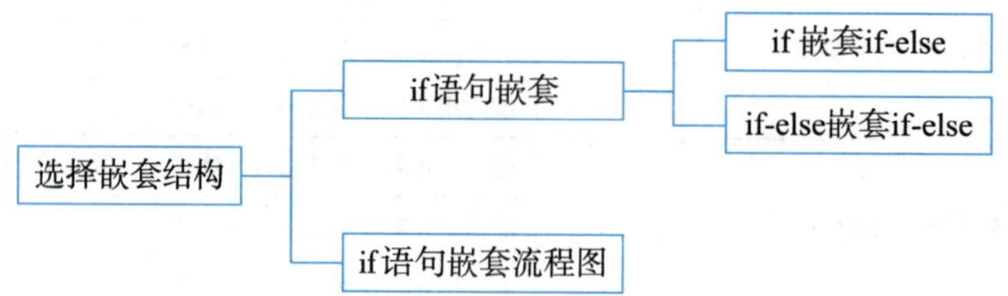

二 学习目标

1. 能概述嵌套if语句的语法结构。
2. 能绘制嵌套if语句的流程图。
3. 能正确使用嵌套if语句，实现程序逻辑判断。
4. 能够掌握良好的文档习惯和测试习惯。

三 基本知识

前面章节中，详细介绍了三种形式的条件语句，即if 单分支语句、if-else 语句和 if-elif - else 语句，这三种条件语句之间可以相互嵌套，如表B2-2-1所示。

表B2-2-1 嵌套if语句格式

语法格式	执行流程	说明

在最简单的if语句中嵌套 if-else 语句，形式如下：
`if 表达式1:`
`    if 表达式2:`
`        代码块1`
`    else:`
`        代码块2`
	表达式1 True 表达式2 True 代码块1；表达式2 False 代码块2；表达式1 False	如果表达式1成立（真），再判断表达式2是否成立（真），成立就执行后面的代码块1；如果表达式2不成立（假），就执行代码块2；如果表达式1不成立（假）就什么也不执行

续表

语法格式	执行流程	说明

在 if-else 语句中嵌套 if-else 语句，形式如下。
`if 表达式1:`
`    if 表达式2:`
`        代码块1`
`    else:`
`        代码块2`
`else:`
`    if 表达式3:`
`        代码块3`
`    else:`
`        代码块4`
	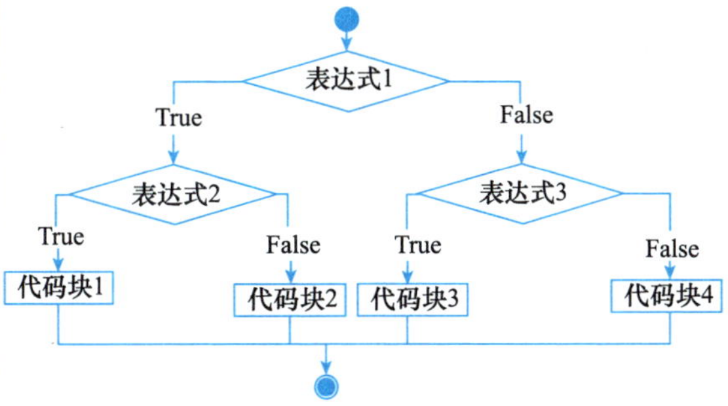 表达式1 True 表达式2 True 代码块1 False 代码块2 False 表达式3 True 代码块3 False 代码块4	如果表达式1成立（真），再判断表达式2是否成立（真），成立就执行后面的代码块1；如果表达式2不成立（假），就执行代码块2。如果表达式1不成立（假），再判断表达式3是否成立（真），成立就执行后面的代码块3；如果表达式3不成立（假），就执行代码块4

Python 中，if、if-else 和 if-elif-else之间可以相互嵌套。因此，在开发程序时，需要根据场景，选择合适的嵌套方案。需要注意的是，在相互嵌套时，一定要严格遵守不同级别代码块的缩进规范。

四 能力训练

任务B2-2-1 日期计算器——判断闰年

1 任务描述

时间对于世间万物而言，其长度是有限的，珍惜时间，做时间的主人，在有限的时间里合理地安排学习生活，积极地面对人生，才能不负韶华。本节利用Python语言制作一个简单的日期计算器，计算指定日期是当年的第几天。完成日期计数，首先要判断当年是否是闰年。本任务实现判断输入的具体年份是否是闰年。

凡公历中有闰日（2月29日）的年份，称之为闰年。闰年分为普通闰年和世纪闰年。普通闰年指公历年份是4的倍数且不是100的倍数（如2004年、2020年）；世纪闰年指公历年份，必须是400的倍数（如2000是世纪闰年，1900不是世纪闰年）。因此，闰年分有两个条件：能被4整除却不能被100整除或能被400整除。

2 任务分析

依据任务分析，可以采用多种方案，完成闰年的判断功能，如表B2-2-2所示。

表B2-2-2　任务分析表

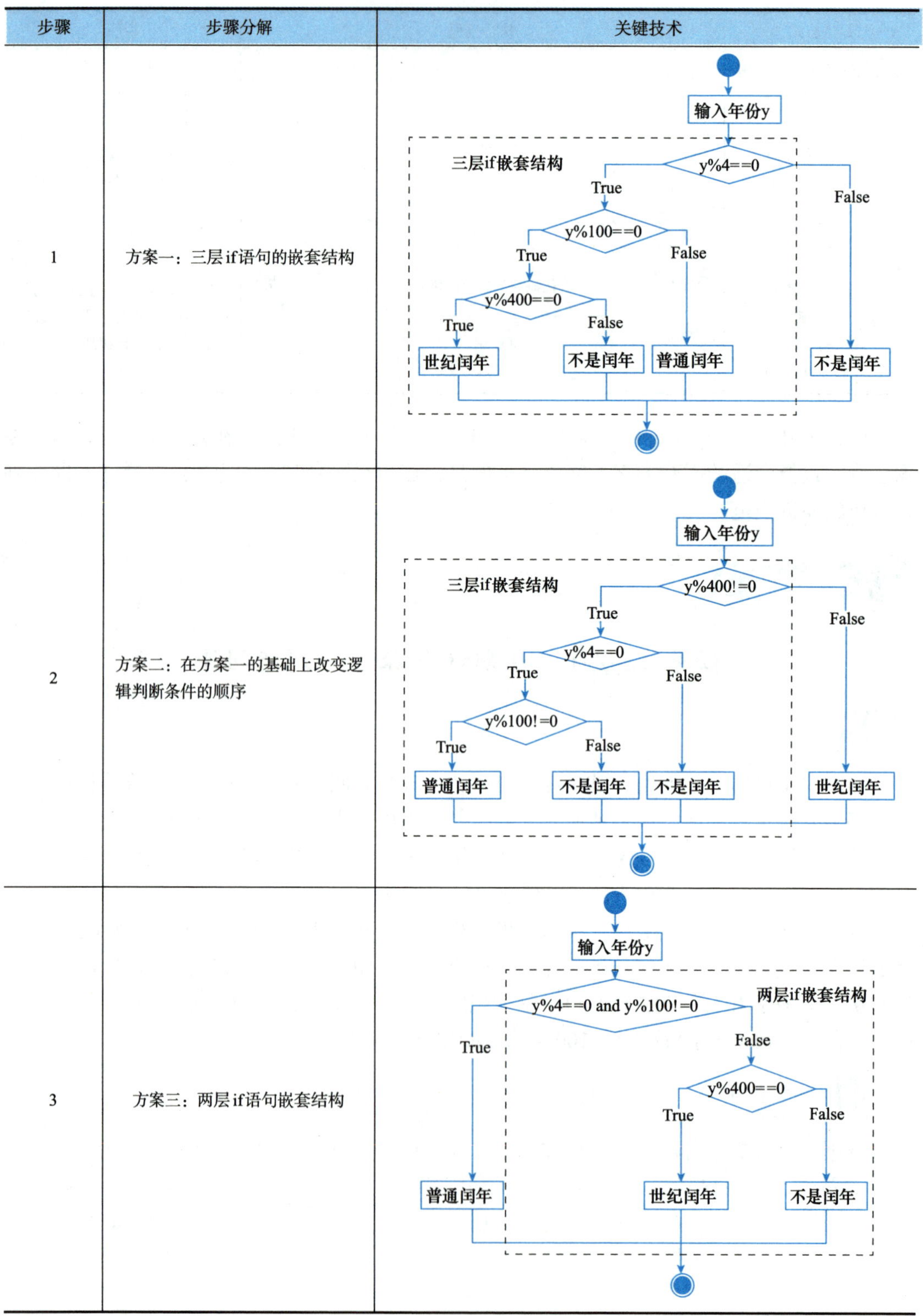

步骤	步骤分解	关键技术
1	方案一：三层if语句的嵌套结构	
2	方案二：在方案一的基础上改变逻辑判断条件的顺序	
3	方案三：两层if语句嵌套结构	

3 操作过程

根据任务分析表中不同的方案，判断闰年程序编写有不同代码，如表B2-2-3所示。

表B2-2-3　操作过程表

步骤	步骤解析	关键代码

1	输入年份y，对闰年的条件进行分析分解，依据方案一的流程图编写程序	# 方案一
		y=int(input("请输入年份:"))
		print("方案一:")
		if y%4==0:
		    if y%100==0:
		        if y% 400==0:
		            print(y,"是世纪闰年!")
		        else:
		            print(y,"不是闰年!")
		    else:
		        print(y,"是普通闰年!")
		else:
		    print(y,"不是闰年!")

2	改变逻辑判断条件的顺序，依据方案二的流程图，编写程序	# 方案二
		print("方案二:")
		if y%400!=0:
		    if y%4==0:
		        if y%100!=0:
		            print(y,"是普通闰年! ")
		        else:
		            print(y,"不是闰年! ")
		    else:
		        print(y,"不是闰年! ")
		else:
		    print(y,"是世纪闰年! ")

3	使用组合逻辑判断条件，依据方案三的流程图，编写程序。方案三是一个两层的if语句判断结构	# 方案三
		print("方案三:")
		if y%4==0 and y%100!=0:
		    print(y,"是普通闰年!")
		else:
		    if y%400==0:
		        print(y,"是世纪闰年!")
		    else:
		        print(y,"不是闰年!")

4	测试并运行程序	请输入年份:2000 方案一: 2000 是世纪闰年! 方案二: 2000 是世纪闰年! 请输入年份:1992 方案一: 1992是普通闰年! 方案二: 1992是普通闰年!

续表

步骤	步骤解析	关键代码
4	测试并运行程序	方案三： 2000 是世纪闰年！ 请输入年份：2100 方案一： 2100 不是闰年！ 方案二： 2100 不是闰年！ 方案三： 2100 不是闰年！ 方案三： 1992是普通闰年！ 请输入年份：2021 方案一： 2021不是闰年！ 方案二： 2021不是闰年！ 方案三： 2021不是闰年！

任务B2-2-2　日期计数器计算天数

1 任务描述

给出具体日期（年月日），计算该日期是当年的第几天，时刻提醒自己珍惜时间，不负韶华。

2 任务分析

分析任务，计算具体日期是当年的第几天，计算步骤如表B2-2-4所示。

表B2-2-4　任务分析表

步骤分解	演示样例	关键技术
输入日期 例如：2021年11月5日	年（year） 月（month） 日（day） 2021 11 5	年、月、日分成3个整型变量输入
计算初始天数	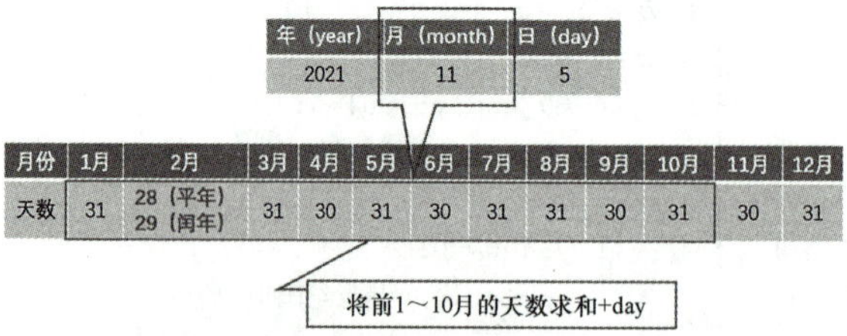 年（year） 月（month） 日（day） 2021 11 5 月份 1月 2月 3月 4月 5月 6月 7月 8月 9月 10月 11月 12月 天数 31 28（平年）29（闰年） 31 30 31 30 31 31 30 31 30 31 将前1～10月的天数求和+day	通过多分支语句，计算输出日期的当年天数，2月份默认为28天
分析年份	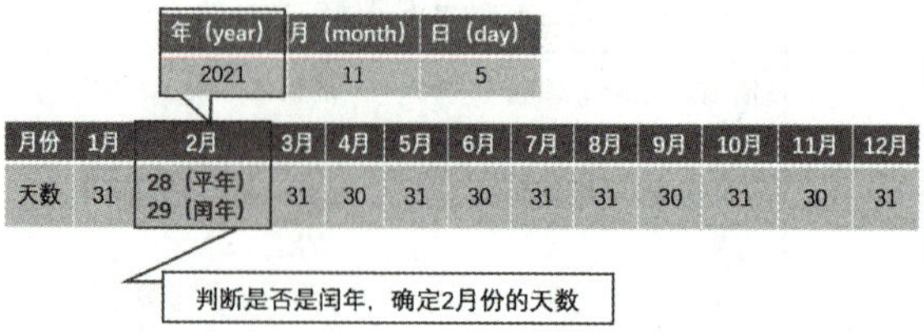 年（year） 月（month） 日（day） 2021 11 5 月份 1月 2月 3月 4月 5月 6月 7月 8月 9月 10月 11月 12月 天数 31 28（平年）29（闰年） 31 30 31 30 31 31 30 31 30 31 判断是否是闰年，确定2月份的天数	判断是否是闰年，如果是闰年是month＞2，则总天数＋1

3 操作过程

根据任务分析表，天数计算程序操作过程如表B2-2-5所示。

表B2-2-5 操作过程表

步骤	步骤解析	关键代码
1	定义总天数变量dayCount	`dayCount = 0  # 总天数`

2	分别输入年份、月和日，并转化为整型数据	`year = int(input("请输入年份（1000-2500之间）："))`
		`month = int(input("请输入月（1-12之间）："))`
		`day = int(input("请输入日（1-31之间）："))`

3	如果month>1将1月到month-1月的所有月份天数进行累加，再加上当月day值，初步得出总天数；如果month==1，总天数直接等于day值	`if month==1:  # 多分支语句计算天数，2月份默认为28天`
		`    dayCount=day`
		`elif month==2:`
		`    dayCount=31+day`
		`elif month==3:`
		`    dayCount=31+28+day`
		`elif month==4:`
		`    dayCount=31+28+31+day`
		`elif month==5:`
		`    dayCount=31+28+31+30+day`
		`elif month==6:`
		`    dayCount=31+28+31+30+31+day`
		`elif month==7:`
		`    dayCount=31+28+31+30+31+30+day`
		`elif month==8:`
		`    dayCount=31+28+31+30+31+30+31+day`
		`elif month==9:`
		`    dayCount=31+28+31+30+31+30+31+31+day`
		`elif month==10:`
		`    dayCount=31+28+31+30+31+30+31+31+30+day`
		`elif month==11:`
		`    dayCount=31+28+31+30+31+30+31+31+30+31+day`
		`elif month==12:`
		`    dayCount=31+28+31+30+31+30+31+31+30+31+30+day`

4	如果月份大于2月份，判断年份是否是闰年，如果满足条件，则总天数增加1天	`if month > 2:  # 如果月份大于2月，判断是否闰年`
		`    if year % 4 == 0 and year % 100 != 0 or year % 400 == 0:`
		`        dayCount += 1`

5	打印输出总天数	`print("%d年%d月%d日是第%d天！" % (year, month, day, dayCount))`
6	运行程序，输出结果	请输入年份（1000-2500之间）：2020 请输入月（1-12之间）：3 请输入日（1-31之间）：15 2020年3月15日是第75天！

问题情境

问题 在任务B2-2-2中，天数的计算使用了多分支的if-elif语句，但是分支数比较多。在实际软件开发工作中，若使用大量的if ... elif...语句则代码冗长，很难维护。

提示：可以通过创建一个月天数列表，利用for循环语句来实现天数的计算。以下给出参考代码供读者尝试，关于列表和for循环语句的详细用法，会在后面章节有详细描述。参考代码如下。

```
# 给出具体日期（年月日），计算该日期是当年的第几天
# 定义每个月的天数
monNum = [0, 31, 28, 31, 30, 31, 30, 31, 31, 30, 31, 30, 31]
dayCount = 0  # 总天数
year = int(input("请输入年份（1000-2500之间）："))
month = int(input("请输入月（1-12之间）："))
day = int(input("请输入日（1-31之间）："))
for i in range(1, month, 1):  # 累加前month-1个月的天数
    dayCount += monNum[i]
dayCount += day  # 将第month个月的当月天数累加
if month > 2:  # 如果月份大于2月，判断是否闰年
    if year % 4 == 0 and year % 100 != 0 or year % 400 == 0:
        dayCount += 1
print("%d年%d月%d日是第%d天！"% (year, month, day, dayCount))
```

五 学习结果评价

在表B2-2-6中填写本节学习结果评价。

表B2-2-6 学习结果评价表

技能目标达成评价			
序号	评价内容	评价标准	评价结果（是/否）
1	嵌套if语句的应用	能理解嵌套if语句结构的语法	
		能绘制嵌套if语句结构的流程图	
		能应用嵌套if语句结构进行编程	
素养目标达成评价			
序号	评价内容	达成结果	
1	良好的文档习惯和测试习惯	○感受 ○提升 ○践行	
2	对代码分析的敏感度和优化意识	○感受 ○提升 ○践行	
3	良好的时间观念，珍惜时间	○感受 ○提升 ○践行	

课后作业

一、简答题

1．请默写出多种嵌套if语句的语法。

2．请画出多种嵌套if语句的流程图。

二、编程题

1．输入三个整数，对三个整数进行从小到大的排序，并输出。

2．编程设计一个简单计算器，支持+、-、*、/四种运算。仅要求考虑输入、输出为整数的情况，数据和运算结果不会超过int表示的范围，要注意处理以下特殊情况。

（1）如果除数为0，则输出："除数不能为0！"。

（2）如果出现无效的操作符（即不为+、-、*、/之一），则输出"运算符有误！"。

3．输入三个正整数，分别表示三条线段的长度，判断这3条线段能否构成一个三角形，如果能构成，输出yes，否则输出no。

4．输入一个百分制成绩，将它转换成等级制成绩。

模块 C

复杂流程控制应用

模块描述

本模块实现程序循环控制，介绍混合数据的处理方法，使用组合数据类型定义和记录数据。通过本模块的学习，不仅能使数据表示得更为清晰，还能极大简化程序员的开发工作，提升开发效率。

学习目标

- 能正确使用while语句、for语句，实现循环功能。
- 能正确使用break语句、continue语句，实现跳转功能。
- 熟悉序列类型的特点，能熟练操作列表和元组。
- 熟悉集合类型的特点，能掌握集合的基础操作。
- 熟悉映射类型的特点，能熟练操作字典。

素质目标

- 提升对需求的理解能力和程序逻辑思维能力。
- 了解无人机行业的发展应用，提升科技兴国的创新意识。
- 培养严谨实用的分析能力和逻辑思维能力。
- 培养“程序设计有依据，编程过程按流程，编译调试留记录”的严谨且务实的工作态度。

工作任务 C1 循环语句实现程序重复执行

职业能力 C1-1 能使用while语句编写Python程序

一 核心概念

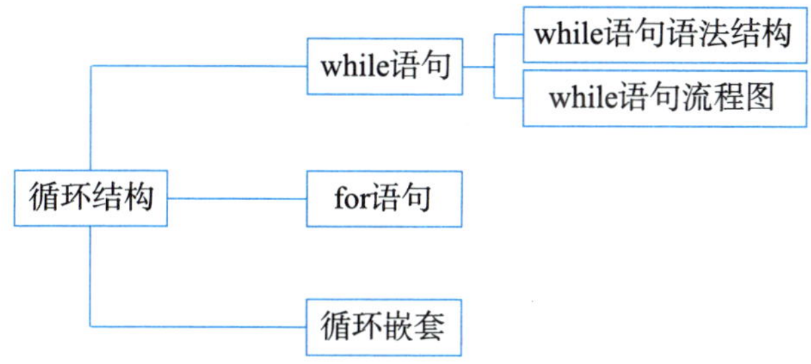

二 学习目标

1. 能概述while语句语法结构。
2. 能绘制while语句流程图。
3. 能正确使用while语句，实现循环功能。
4. 能具备良好的需求理解能力。

三 基本知识

在程序设计过程中，经常需要将一些功能按一定的要求重复执行多次，多次重复执行的过程称为循环。

Python中的循环语句包括while语句和for语句，本节介绍while语句的使用。while语句和for语句都能根据需求，实现重复语句的执行。通常for语句用于遍历循环，而while循环中的真/假条件涉及比较值，比如“x的值大于10吗？”，如果条件满足，则执行循环体代码；如果x的值小于或等于10，则不执行循环体代码。

1 while语句的语法结构

while语句的语法结构如下。

```
while 循环条件:
      循环体代码
```

解释：循环条件类似于if语句中的判断条件，通常是一个布尔表达式，如果条件为真，则执行循环体中的代码。循环体中的语句执行结束后，返回while循环条件，再次判断条件为真（True）还是假（False）；当条件为False时，不再执行循环体代码，循环终止；接着执行与while同级别缩进的后续语句。

注意：

1）在Python语言中，所有的符号均需在英文环境下输入。如果是在中文环境下输入则会报错。

2）循环体代码需要缩进4个空格。

3）while循环结构要实现循环，需满足以下4个条件。

① 条件变量（比如i）的初始化。

② 条件判断（比如i<10）。

③ 循环体（比如sum=sum+i）。

④ 迭代条件（比如i+=1）。

只有以上4个条件全部满足，循环才能发挥作用。

2 while语句的流程图

while语句流程图如图C1-1-1所示。

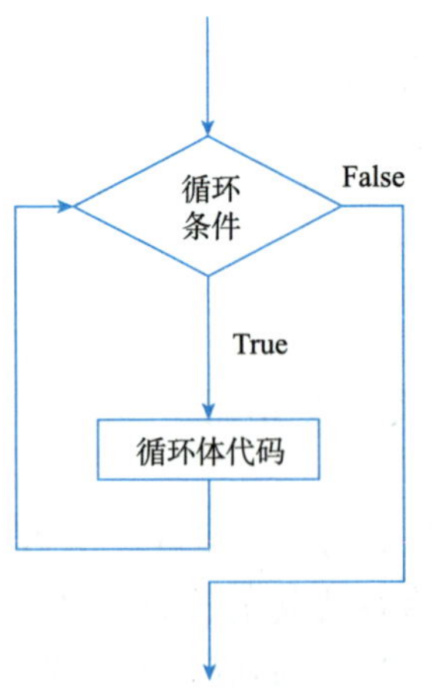

图C1-1-1　while语句流程图

四 能力训练

任务C1-1-1 绘制无人机编队表演图“四瓣花”

1 任务描述

无人驾驶飞机简称无人机，是利用无线电遥控设备和自备的程序控制装置操纵的不载人飞行器。无人机的应用领域非常广泛，比如影像拍摄、灾后搜救、军事侦查等。近年来，中国的无人机技术处于国际领先地位，国内的无人机编队技术也有了很快发展，无人机编队表演经常出现在大型庆典活动中。

图C1-1-2 无人机编队表演图“四瓣花”

本任务要求编写循环结构代码，运用turtle绘图工具，绘制无人机编队表演图“四瓣花”，如图C1-1-2所示。其中，窗体和画布大小均设置为500×500像素，画笔粗细为5像素，圆的半径为100像素。

2 任务分析

观察图形，分析四瓣花的绘制过程，如表C1-1-1所示。

表C1-1-1 任务分析表

步骤	步骤分解	关键技术
1	基本参数设置	完成窗体大小、画布大小、画笔颜色、画笔粗细等参数的设置
2	单个圆形图案的绘制	实现单个圆形图案的函数是turtle.circle（x）。 画圆，半径x为正（负），表示圆心在画笔的左边（右边）画圆

3	四个圆形图案的绘制	通过观察图形发现，当第一个圆画好后，画笔左转90°，开始画第二个圆，以此类推。
		参考代码如下。
		`t.circle(100)`
		`t.left(90)`
		`t.circle(100)`
		`t.left(90)`
		`t.circle(100)`
		`t.left(90)`
		`t.circle(100)`
		`t.lcft(90)`
		本任务要求使用循环结构实现，请尝试用while语句实现上述代码

3 操作过程

根据任务分析表，实现四瓣花的绘制过程如表C1-1-2所示。

表C1-1-2　操作过程表

步骤	步骤解析	关键代码
1	完成如下参数设置： 窗体大小：500×500像素 画布大小：500×500像素 画笔颜色：红色（red） 画笔粗细：5	import turtle　# 导入turtle模块 turtle.setup(500,500)　# 设置窗体大小 turtle.screensize(500,500,'white')　# 设置画布大小和颜色 t=turtle.Pen() t.pencolor('red')　# 设置画笔颜色 t.pensize(5)

2	通过while语句实现4个圆形图案的绘制	i=0
		while i<4:
		    t.circle(100)
		    t.left(90)
		    i+=1
		turtle.exitonclick()

3	运行程序，验证结果的正确性	运行结果如下。

任务C1-1-2　用while语句实现“多彩四叶草”

1 任务描述

还记得任务A2-1-2的“多彩四叶草”吗？现在到了你大显身手的时候啦。请用while语句实现“多彩四叶草”图形（双色）的绘制，参考图形如图C1-1-3所示。

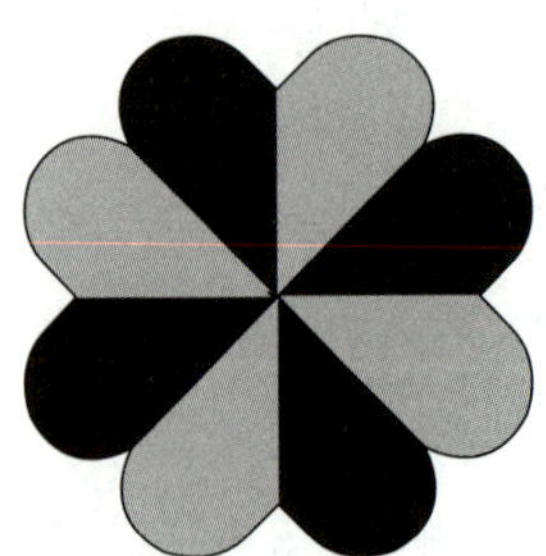

图C1-1-3　“多彩四叶草”图形（双色）

其中，窗体和画布大小均设置为500 × 500像素，画笔粗细为5像素，填充颜色分别为紫色（purple）和粉色（pink）。

2 任务分析

用while语句实现“多彩四叶草”的分析过程如表C1-1-3所示。

表C1-1-3　任务分析表

步骤	步骤分解	关键技术
1	单片四叶草的实现	详见任务A2-1-2绘制多彩四叶草部分
2	实现重复样式的四叶草的绘制	用while语句实现对单片四叶草的循环输出

3 操作过程

根据任务分析，实现四叶草的绘制过程如表C1-1-4所示。

表C1-1-4　操作过程表

步骤	步骤解析	关键代码
1	完成如下基本参数设置： 画笔颜色：黑色 画笔粗细：5像素	import turtle turtle.color('black') turtle.pensize(5)
2	完成单片四叶草代码的编写	turtle.fillcolor('purple')　# 设置图形填充色 turtle.begin_fill()　# 填充图形开始 turtle.left(135)　# 左转135° turtle.forward(135)　# 向前画135像素长度直线 turtle.left(180)　# 调整画笔方向 turtle.circle(50,-180)　# 画一个半径50像素的半圆 turtle.backward(35)　# 从半圆结束的位置回退画35像素直线 turtle.end_fill()　# 填充图形结束 turtle.fillcolor('pink')　# 设置图形填充色 turtle.begin_fill()　# 填充图形开始 turtle.right(90)　# 调整画笔方向 turtle.forward(35)　# 向前画35像素长度直线 turtle.right(180)　# 调整画笔方向 turtle.circle(50,-180)　# 画一个半径为50像素的半圆 turtle.backward(135)　# 从半圆结束的位置回退画135像素直线 turtle.end_fill()　# 填充图形结束

续表

步骤	步骤解析	关键代码

3	加入while语句，实现整个四叶草的输出。
	注意调试输出完成后旋转的角度
		i=0
		while i<4:
		    turtle.fillcolor('purple') # 设置图形填充色
		    turtle.begin_fill() # 填充图形开始
		    turtle.left(135) # 左转135°
		    turtle.forward(135) # 向前画135像素长度直线
		    turtle.left(180) # 调整画笔方向
		    turtle.circle(50,-180) # 画一个半径50像素的半圆
		    turtle.backward(35) # 从半圆结束的位置回退画35像素直线
		    turtle.end_fill() # 填充图形结束
		    turtle.fillcolor('pink') # 设置图形填充色
		    turtle.begin_fill() # 填充图形开始
		    turtle.right(90) # 调整画笔方向
		    turtle.forward(35) # 向前画35像素长度直线
		    turtle.right(180) # 调整画笔方向
		    turtle.circle(50,-180) # 画一个半径为50像素的半圆
		    turtle.backward(135) # 从半圆结束的位置回退画135像素直线
		    turtle.end_fill() # 填充图形结束
		    turtle.right(135) # 调整画笔方向
		    i+=1
		turtle.done()

4	运行程序，验证结果的正确性	运行结果如下。

通过以上案例，可见使用while语句编写的代码量可大为减少。

问题情境

问题 实际项目开发过程中，利用turtle工具绘制的图形，若要实现多种颜色（如八色）的呈现，该如何操作？

提示： 可以通过创建一个颜色列表来实现八色的四叶草图案。以下给出参考代码供读者尝试，关于列表的详细用法，后续章节有详细描述。

运行结果如图C1-1-4所示。参考代码如下。

```
import turtle
turtle.pensize(5)
```

```
color=['red','pink','orange','yellow','green','blue','purple','gray']
i=0
while i<8:
    turtle.color(color[i])
    turtle.left(135)
    turtle.fillcolor(color[i])
    turtle.begin_fill()
    turtle.forward(135)
    turtle.left(180)
    turtle.circle(50,-180)
    turtle.backward(35)
    turtle.end_fill()
    turtle.color(color[i+1])
    turtle.fillcolor(color[i+1])
    turtle.begin_fill()
    turtle.right(90)
    turtle.forward(35)
    turtle.right(180)
    turtle.circle(50,-180)
    turtle.backward(135)
    turtle.end_fill()
    turtle.right(135)
    i+=2
turtle.done()
```

图C1-1-4　“多彩四叶草”图形（八色）

五　学习结果评价

在表C1-1-5中填写本节学习结果评价。

表C1-1-5　学习结果评价表

技能目标达成评价			
序号	评价内容	评价标准	评价结果（是/否）
1	while语句的使用	能默写出while语句循环的语法结构	
		能绘制while语句的流程图	
		能正确运用while语句实现循环控制功能	
素养目标达成评价			
序号	评价内容		达成结果
1	具备良好的需求理解能力和程序逻辑思维能力		○感受　○提升　○践行
2	了解无人机行业的发展应用，提升科技兴国的创新意识		○感受　○提升　○践行

课后作业

一、选择题

1. 请阅读下面的程序：

```
count=0
while count<=1:
    print('当前值为:',count)
    count+=1
```

运行程序，程序的输出结果为（　　）。

A. 当前值为：0
当前值为：1　　B. 当前值为：1

C. 当前值为：0　　D. 当前值为：0，1

2. 若k为整数，下述while循环执行的次数为（　　）。

```
k=1000
while k>1:
    print(k)
    k=k//2
```

A. 8　　B. 9　　C. 10　　D. 11

3. 运行以下程序，程序的输出结果为（　　）。

```
k=1
n=263
while n>0:
    k*=263%10
    n=n//10
print(k)
```

A. 3　　B. 9　　C. 27　　D. 81

4. 请阅读下面的程序：

```
count=5
while count>0:
    count-=1
    print(count,end=' ')
```

根据上述代码，在以下选项中选择描述错误的选项（　　）。

A. count-=1 可由 count=count-1 实现

B. 条件count>0如果改为count<0 程序不会执行循环体

C. 这段代码的输出结果为 5 4 3 2 1

D. 使用while保留字可创建无限循环

5. 以下选项中能够实现Python循环结构的是（　　）。

A．loop　　B．while　　C．do...while　　D．if

二、编程题

1. 编写程序，使用while语句，实现如图C1-1-5所示图形的绘制。其中，正三角形三边的颜色为紫色、边长为100像素。

2. 编写程序，用while实现1～100的累加和，并打印输出结果。

3. 编写程序，用while实现100以内的能被3整除、个位数为5的数及这些数的累加和，并打印输出结果。

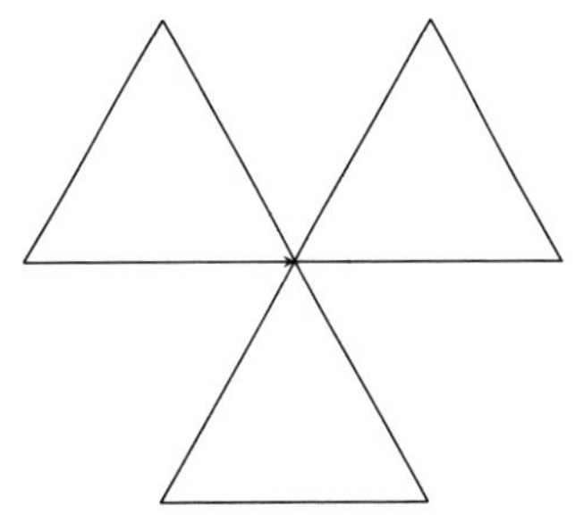

图C1-1-5　三个正三角形构成的图形

职业能力C1-2
能使用for语句编写Python程序

一　核心概念

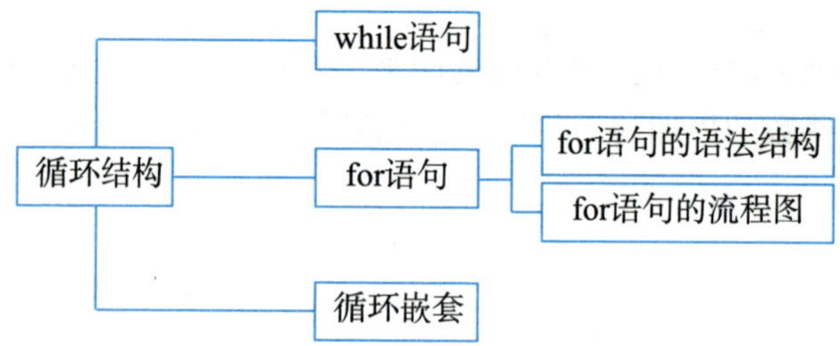

二　学习目标

1. 能概述for语句的语法结构。
2. 能绘制for语句的流程图。
3. 能正确使用for语句实现循环功能。
4. 能具备良好的需求理解能力。

三　基本知识

在上一小节中，我们学习了while语句的使用，本小节将学习for语句的使用。for语句一般用于实现遍历循环。遍历是指逐一访问目标对象中的数据，比如逐个访问字符串中的字符。遍历循环是指在循环中完成对目标对象的遍历。

1　for语句的语法结构

for语句的语法结构如下。

```
for 循环变量 in 遍历结构:
    循环体代码
```

for语句的执行过程一般是从遍历结构中逐一提取元素，放在循环变量中，每次提取完一个元素就执行一次循环体代码。

注意：

for语句的循环执行次数是根据遍历结构中元素个数确定的。遍历结构可以是字符串、列表等组合数据类型或文件等。

（1）for语句遍历字符串的使用方式

使用for循环遍历字符串“Python”的每个字符，示例代码如下。

```
for c in 'Python':
    print(c)
```

运行程序，结果如下。

```
P
y
t
h
o
n
```

（2）for语句常与range()函数结合使用

range()函数是Python中的内置函数，可以生成一个由整数组成的递增列表。其与for语句结合使用的语法结构如下。

```
for 循环变量 in range(循环初值,循环终值,步长值):
    循环体代码
```

range()函数中有三个参数，下面讲解当range中的参数个数分别为一个、两个和三个时，程序的运行方式。

1）当range中仅有一个参数，该参数表示循环终值。原参数表的第一个参数循环初值省略默认为0，第三个参数步长值省略默认为1，循环变量i从0开始取值到4（不包括5）。示例代码如下。

```
for i in range(5):
    print(i)
```

运行程序，结果如下。

```
0
1
2
3
4
```

我们发现，当range中仅有一个参数时，其循环次数等于该参数值“5”，其循环结果等价于for i in range（0,5）。即在i=0，i=1，i=2，i=3，i=4情况下，分别执行循环体代码。

2）当range中有两个参数，第一个参数表示循环初值，第二个参数表示循环终值，步长值省略默认为1。其中循环初值可达，循环终值不可达。比如当循环变量为i时，i的取值范围为循环初值≤i<循环终值。示例代码如下。

```
for i in range(1,6):
    print(i)
```

运行程序，结果如下。

```
1
2
3
4
5
```

3）当range中有三个参数时，第一个参数表示循环初值，第二个参数表示循环终值，第三个参数表示步长值。示例代码如下。

```
for i in range(1,10,2):
    print(i)
```

运行程序，结果如下。

```
1
3
5
7
9
```

2 for语句的流程图

for语句的流程图如图C1-2-1所示。

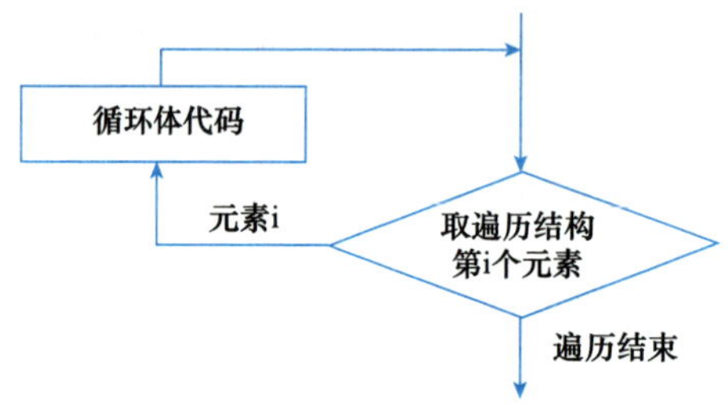

图C1-2-1　for语句流程图

四 能力训练

任务C1-2-1　用for语句绘制无人机编队表演图"n瓣花"

1 任务描述

要求通过控制台输入任意正整数n，用for语句实现无人机编队表演图"n瓣花"的绘制。例如，当输入n=10，则绘制的图形如图C1-2-2所示。

其中，窗体和画布大小均设置为500×500像素，画笔粗细为5像素，圆的半径为100像素，画笔颜色自选。

图C1-2-2　无人机编队表演图“十瓣花”

2　任务分析

本任务分析过程如表C1-2-1所示。

表C1-2-1　任务分析表

步骤	步骤分解	关键技术
1	循环次数	本任务要求实现n瓣花，转换成程序语言就是让圆循环n次。假设i 初始值为0，循环条件为i<n，则实现了循环n次的功能。 通过input() 函数，实现n值的输入
2	旋转角度	本任务中n个花瓣需要旋转多少度才能实现n瓣花的均匀分布呢? 答案是用360除以n即可得到旋转的角度

3　操作过程

根据任务分析，用for语句实现n环花瓣绘制的操作过程如表C1-2-2所示。

表C1-2-2　操作过程表

步骤	步骤解析	关键代码
1	完成如下参数设置： 窗体大小：500×500像素 画布大小：500×500像素 画笔颜色：绿色（green） 画笔粗细：5像素	import turtle　# 导入turtle模块 turtle.setup(500,500)　# 设置窗体大小 turtle.screensize(500,500,'white')　# 设置画布大小和颜色 t=turtle.Pen() t.pencolor('green')　# 设置画笔颜色 t.pensize(5)

2	通过for语句实现n个圆形的绘制。
	注意关注循环次数
		num=int(input('您想要几瓣花?'))
		for i in range(num):
		    t.circle(100)　# 以100像素为半径画圆
		    t.left(360/num)　# 设置画笔的偏转角度
		turtle.exitonclick()

3	运行程序，验证结果的正确性	输入n为10，运行结果如下。

任务C1-2-2　绘制无人机编队表演图“五环花瓣”

1 任务描述

用for语句编写循环结构代码，运用turtle绘图工具，绘制无人机编队表演图“五环花瓣”，如图C1-2-3所示。

其中，窗体和画布大小均设置为500×500像素，画笔粗细为5像素，最里面的圆的半径为20像素，每往外一层半径数增加20。

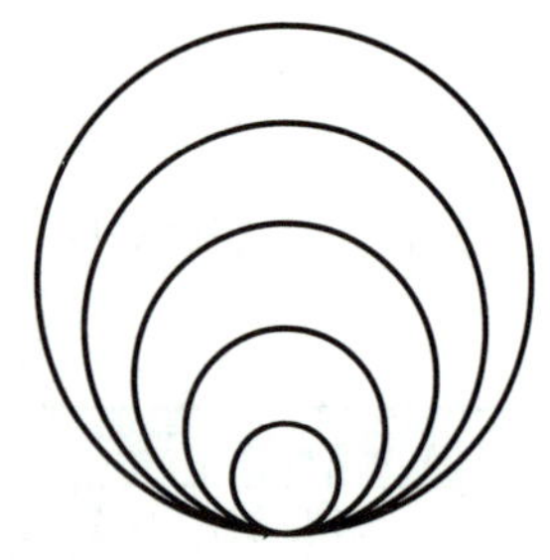

图C1-2-3　无人机编队表演图“五环花瓣”

2 任务分析

观察图形，分析五环花瓣的绘制过程，如表C1-2-3所示。

表C1-2-3　任务分析表

步骤	步骤分解	关键技术
1	基本参数设置	完成窗体大小、画布大小、画笔颜色、画笔粗细等参数的设置
2	单个圆形图案的绘制	实现单个圆形图案的函数是turtle.circle（x）。 画圆，半径x为正（负），表示圆心在画笔的左边（右边）画圆

3	五环图案的绘制	通过观察图形发现，每个圆的起始位置是一样的，它们的唯一区别是半径不同。
		可用如下代码实现。
		`t.circle(20)`
		`t.circle(40)`
		`t.circle(60)`
		`t.circle(80)`
		`t.circle(100)`
		显然上述代码显得很累赘，这里改用for语句来实现可使代码大为简化

3 操作过程

根据任务分析表，实现五环花瓣的绘制过程如表C1-2-4所示。

表 C1-2-4　操作过程表

步骤	步骤解析	关键代码

1	完成如下参数设置：
	窗体大小：500×500像素
	画布大小：500×500像素
	画笔颜色：红色（red）
	画笔粗细：5像素
		`import turtle  # 导入turtle模块`
		`turtle.setup(500,500)  # 设置窗体大小`
		`turtle.screensize(500,500,'white')  # 设置画布大小和颜色`
		`t=turtle.Pen()`
		`t.pencolor('red')  # 设置画笔颜色`
		`t.pensize(5)`

2	通过for语句实现五环的绘制	`for i in range(20,101,20):`
		`    t.circle(i)`
		`turtle.done()`

3	运行程序，验证结果的正确性	运行结果如下。

问题情境

问题1　在绘制图形的过程中，画笔颜色（pencolor）的值是否只能用几个简单的表示颜色的单词（比如“red”“yellow”等）来设置，如果想要精确表达一个颜色，该如何实现?

提示：可以实现任意颜色的设置。具体实现过程为调用turtle.colormode（255）函数，然后在使用turtle.pencolor()时，将参数设置为RGB模式，比如turtle.pencolor（255,102,128）就是橡皮红了。

问题2　当for循环中的循环变量i同时在for循环体中又参与了加2的数值运算，那么每次循环结束，变量i的值会是多少?

提示：仔细阅读如下代码。

```
s=0
for i in range(1,10):
    i=i+2
    s=s+i
    print(f'i={i},s={s}')
```

运行代码，结果如下。

```
i=3,s=3
i=4,s=7
i=5,s=12
i=6,s=18
i=7,s=25
i=8,s=33
i=9,s=42
i=10,s=52
i=11,s=63
```

本程序中的变量i在循环体内进行了加2操作，但是单次循环结束回到for循环开始的时候会执行range()函数，因此i又回到了range()函数中的i的值。

五 学习结果评价

在表C1-2-5中填写学习结果评价。

表C1-2-5 学习结果评价表

技能目标达成评价			
序号	评价内容	评价标准	评价结果（是/否）
1	for语句的使用	能默写出for语句语法的结构	
		能绘制for语句的流程图	
		能正确运用for语句实现循环控制功能	

素养目标达成评价		
序号	评价内容	达成结果
1	具备良好的需求理解能力和程序逻辑思维能力	○感受 ○提升 ○践行
2	了解无人机行业的发展应用，提升科技兴国的创新意识	○感受 ○提升 ○践行

一、选择题

1. 下列关于for循环的说法中，描述正确的是（　　）。

A. for循环可以遍历可迭代对象

B. for循环不能嵌套使用

C. for循环不可以与if语句一起使用

D. for循环能控制循环执行的次数

2. 运行以下程序，程序的输出结果为（ ）。

```
i=1
s=0
for i in range(1,10):
    i=i+2
    s=s+i
print(s)
```

A. 63　　B. 45　　C. 99　　D. 55

3. 运行以下程序，程序的输出结果为（ ）。

```
i=1
s=0
for i in range(1,10,2):
    s=s+i
print(s)
```

A. 63　　B. 45　　C. 99　　D. 25

4. 运行以下程序，程序的输出结果为（ ）。

```
sum=0
for i in range(0,50):
    if i%2==0:
        sum-=i
    else:
        sum+=i
print(sum)
```

A. −25　　B. 25　　C. −26　　D. 26

5. 运行以下程序，程序的输出结果为（ ）。

```
for i in 'hello':
    print(i,end=' ')
```

A. hello　　B. h e l l o　　C. h,e,l,l,o　　D. h e l l o

二、编程题

1. 编写程序，使用for语句，实现如图C1-2-4所示的图形绘制。其中，正三角形三边的颜色为紫色、边长为100像素。

2. 编写程序，输出所有的3位数的水仙花数。水仙花数是一个3位数，它的每位数字的3次方之和等于它本身，比如：$1^3+5^3+3^3=153$，153就是一个水仙花数。

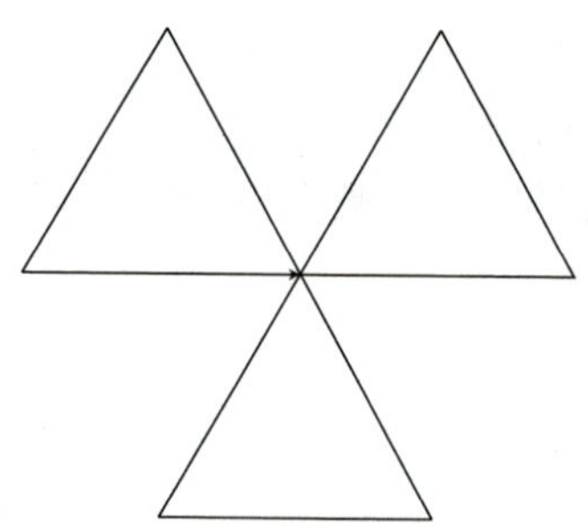

图C1-2-4 三个正三角形构成的图形

3．编写程序，用for语句实现100以内10的倍数的累加和。

4．使用for语句实现如图C1-2-5所示图形的绘制，其中五角星的边长为100像素。

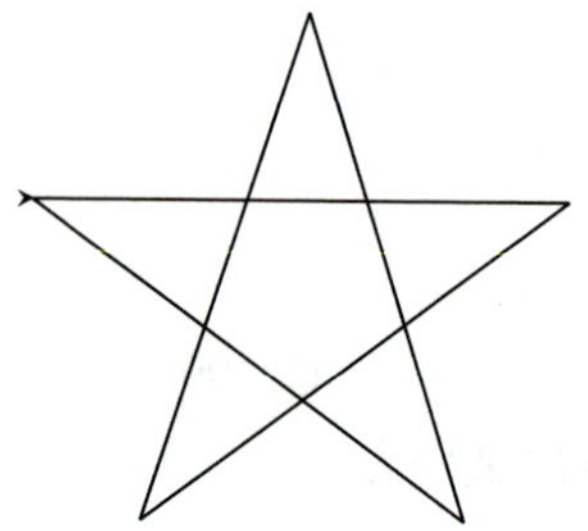

图C1-2-5 五角星图形

5．编写程序，解决鸡兔同笼问题。鸡和兔在一个笼子里，从上面数有35个头，从下面数，有94只脚。请编写程序，输出鸡和兔各有多少只。

工作任务C2 循环嵌套和跳转语句综合编程

职业能力C2-1 能使用循环嵌套语句编写Python程序

一 核心概念

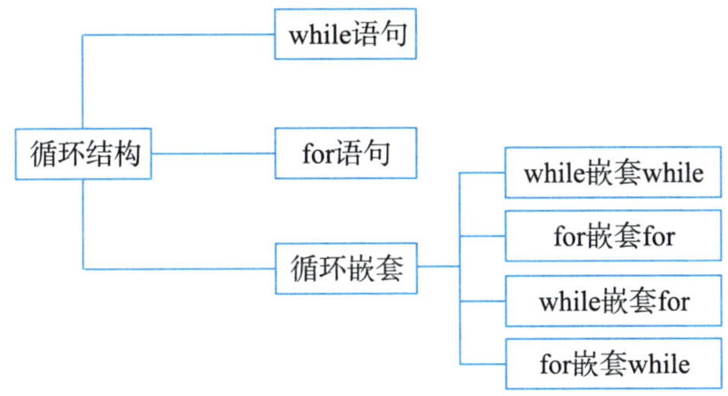

二 学习目标

1. 能概述循环嵌套语法结构。
2. 能综合使用while语句、for语句，实现循环嵌套功能。
3. 能具备良好的逻辑思维能力。
4. 能具备一定的学习和总结能力。

三 基本知识

循环语句可以实现嵌套功能，从而实现更为复杂的逻辑功能。在一个循环体内包含另一个完整的循环，叫作循环嵌套。循环嵌套运行时，外循环每执行一次，内层循环要完成内层循环的所有迭代。

1 循环嵌套类型

while语句和for语句的不同嵌套组合，可以分成以下4种循环嵌套。

1）while语句嵌套while语句（常用）。

2）for语句嵌套for语句（常用）。

3）while语句嵌套for语句。

4）for语句嵌套while语句。

2 常用循环嵌套语法

（1）while语句嵌套while语句语法

```
while 循环条件1:
    while 循环条件2:
        循环体代码2
    循环体代码1
```

该循环嵌套的执行过程如下。

1）首先判断外层循环条件1，如果为True时，则判断内层循环条件2。

2）当内层循环条件2为True时，执行循环体代码2，直到内层循环条件2为False，则整个内层循环结束，然后执行循环体代码1。至此，外层循环的一次循环执行结束。

3）当外层循环一次结束后，继续判断外层循环条件1，如果为True时，则重复执行内层循环的代码，直到外层循环条件1为False，则整个双重循环结束。

示例代码如下。

```
i=1
while i<=3:  # 外层循环,循环3次(1,2,3)
    print(f'外层循环第{i}次')
    j=0
    while j<3:  # 外层循环一次,内层循环3次
        print(f'j={j}')
        j+=1
    i+=1
```

运行程序，运行结果如下。

```
外层循环第1次
j=0
j=1
j=2
外层循环第2次
j=0
j=1
j=2
外层循环第3次
j=0
j=1
j=2
```

（2）for语句嵌套for语句语法

```
for 循环变量1 in 遍历结构1:
    for 循环变量2 in 遍历结构2:
        循环体代码2
    循环体代码1
```

该循环嵌套的执行过程如下。

1）执行遍历结构1的第一个元素赋值给循环变量1，然后执行内层循环。

2）执行内层循环就是将遍历结构2的所有元素遍历一遍，每遍历一个元素就执行一次循环体代码2，直到遍历完遍历结构2的所有元素，然后执行循环体代码1。

3）当执行完循环体代码1一次，相当于外层循环完成一次。遍历结构1中有多少个元素，外层循环就执行多少次。每当执行一次外层循环，都将重复执行内循环的代码，直到外层循环的元素全部遍历结束，则for循环嵌套结束。

示例代码如下。

```
for i in range(3):  # 外层循环，循环3次(0,1,2)
    print(f'外层循环i的值:{i}')
    for j in range(3):  # 外层循环一次，内层循环3次
        print(f'内层循环j={j}')
```

运行程序，运行结果如下。

```
外层循环i的值:0
内层循环j=0
内层循环j=1
内层循环j=2
外层循环i的值:1
内层循环j=0
内层循环j=1
内层循环j=2
外层循环i的值:2
内层循环j=0
内层循环j=1
内层循环j=2
```

3 循环嵌套特点

不管是for语句循环嵌套还是while语句循环嵌套：每执行外层循环一次，都要等待内层循环全部完成或中止，才继续执行下一次的外层循环，如此反复，直到外层循环完成。

四 能力训练

任务C2-1-1　绘制无人机编队表演图“五环五瓣花”

1 任务描述

在学习了while语句和for语句的基础上，我们将绘制更加漂亮、复杂的无人机编队表演图。越来越多的城市选择用无人机编队表演来取代传统的烟花表演，相比后者，无人机表演的效果与烟花类似，但是没有大气污染及噪声污染，具有环保优势。

图C2-1-1　“五环五瓣花”图形

本任务要求用循环嵌套实现无人机编队表演图“五环五瓣花”的绘制，如图C2-1-1所示。

其中，窗体和画布大小均设置为500×500像素，画笔粗细为3像素，五个环的半径依次为20像素、40像素、60像素、80像素、100像素，画笔颜色自选。

2 任务分析

观察图形，分析五环五瓣花的绘制过程，如表C2-1-1所示。

表C2-1-1　任务分析表

步骤	步骤分解	关键技术
1	基本参数设置	完成窗体大小、画布大小、画笔颜色、画笔粗细等参数的设置
2	单片花瓣五环图案的绘制	实现单片花瓣五环图案的绘制，可以通过一个循环语句就能实现（该图形在任务C1-2-2中已有介绍）
3	在实现单片花瓣五环图案的基础上，重复绘制该图形	相当于在单片五环的基础上，再嵌套一个循环，实现五瓣的效果。注意旋转角度的设置

经过分析，要实现本图形，其实就是运用循环嵌套，实现五环和五瓣效果。

3 操作过程

根据任务分析表，实现无人机编队表演图“五环五瓣花”的绘制过程，如表C2-1-2所示。

表C2-1-2　操作过程表

步骤	步骤解析	关键代码

1	完成如下参数设置：
	窗体大小：500×500像素
	画布大小：500×500像素
	画笔颜色：红色（red）
	画笔粗细：3像素
		`import turtle`
		`turtle.setup(500,500)  # 设置窗体大小`
		`turtle.screensize(500,500,'white')  # 设置画布大小和颜色`
		`turtle.pencolor('red')  # 设置画笔颜色`
		`turtle.pensize(3)`

2	通过循环嵌套实现五环五瓣的图形绘制	`for i in range(5):`
		`    for j in range(20,101,20):`
		`        turtle.circle(j)`
		`    turtle.left(360/5)`
		`turtle.done()`

3	运行程序，验证结果的正确性	运行结果如下。

本例只介绍了运用for语句嵌套for语句来实现五环五瓣花的绘制，请用其他三种循环嵌套方式实现这个目标。

任务C2-1-2　绘制无人机编队表演图“n环m瓣花”

1 任务描述

五环五瓣花已经制作完成，现在思考如何实现n环m瓣花的绘制。要求通过控制台输入1~100的任意正整数n（环数）及m（花瓣数），用循环嵌套实现n环m瓣花的绘制。

例如，当输入n=3，m=4，则绘制的图形如图C2-1-2所示。

其中，窗体和画布大小均设置为500×500像素，画笔粗细为3像素。

图C2-1-2 无人机编队表演图“三环四瓣花”

2 任务分析

要实现n环m瓣玫瑰花的图形绘制，主要考虑以下几个方面，如表C2-1-3所示。

表C2-1-3 任务分析表

步骤	步骤分解	关键技术
1	实现每片花瓣有n环	每片花瓣有n环，其实就是通过控制台输入n的值。n的值决定了每片花瓣环的绘制次数，用程序实现的话，就是程序循环n次
2	实现花瓣数为m	当每片花瓣的环数确定之后，就是确定花瓣数m。m通过控制台输入，其值决定了需要绘制的花瓣数，用程序实现的话，就是程序循环了m次
3	确定内循环和外循环	可以看出，程序是将一个完整的花瓣绘制好之后，再重复绘制相同的花瓣。那么，结合循环嵌套的特性，可以将绘制完整的花瓣作为内循环，将重复绘制相同的花瓣作为外循环

3 操作过程

根据任务分析，实现n环m瓣花的绘制过程如表C2-1-4所示。

表C2-1-4 操作过程表

步骤	步骤解析	关键代码

1	完成如下参数设置：
	窗体大小：500×500像素
	画布大小：500×500像素
	画笔颜色：紫色（purple）
	画笔粗细：3像素
		`import turtle  # 导入turtle模块`
		`turtle.setup(500,500)  # 设置窗体大小`
		`turtle.screensize(500,500,'white')  # 设置画布大小和颜色`
		`turtle.pencolor('purple')  # 设置画笔颜色`
		`turtle.pensize(3)`

2	通过循环嵌套语句实现n环m瓣玫瑰花的图形绘制。
	n和m均通过控制台输入实现；
	n表示环数，即控制内循环的次数；
	m表示花瓣数，即控制外循环的次数
		`n=int(input('请输入您想要花瓣的环数：'))`
		`m=int(input('请输入您想要的花瓣数：'))`
		`for i in range(m):`
		`    for j in range(n):`
		`        r=100/n*(j+1)  # 单片花瓣内圆环半径计算公式`
		`        turtle.circle(r)`
		`    turtle.left(360/m)`
		`turtle.done()`

续表

步骤	步骤解析	关键代码
3	运行程序，验证结果的正确性	通过控制台输入n和m的值，运行结果如下。 请输入您想要花瓣的环数：3 请输入您想要的花瓣数：4

任务C2-1-3 百钱买百鸡

1 任务描述

我国古代数学家张丘建在《张丘建算经》一书中提出了一个数学问题：用一百钱买一百只鸡，而鸡的品种有公鸡、母鸡和小鸡。价格分别是：一只公鸡5钱，一只母鸡3钱，三只小鸡1钱。要求每个品种的鸡至少买一只，问：怎样买才能满足用一百钱买一百只鸡的要求？请用编程实现。

2 任务分析

百钱买百鸡的任务分析过程如表C2-1-5所示。

表C2-1-5 任务分析表

步骤	步骤分解	关键技术
1	获取题意	假设定义公鸡数量为cock，母鸡数量为hen，小鸡数量为chick，从任务描述中可以得到如下信息。 公鸡数+母鸡数+小鸡数=100只，即cock+hen+chick=100 所有公鸡数的钱=一只公鸡钱*公鸡数；所有母鸡数的钱=一只母鸡钱*母鸡数；所有小鸡数的钱=一只小鸡钱*小鸡数；三者加起来的和为100。转换成公式，即5*cock+3*hen+1/3*chick=100

续表

步骤	步骤分解	关键技术
2	利用穷举循环的方法来求解	通过对未知数可变范围的穷举，验证方程在什么情况下成立，从而得到相应的解
		首先穷举公鸡的数量，公鸡数的可能值为1,2,3,…,19。不能为20，如果公鸡数为20，那所有的钱都用来买公鸡了，不符合题意
		接着考虑母鸡的数量，母鸡的个数可能值为1,2,3,…,32。不能为33，如果母鸡数为33，则需花费99钱，将无法购买公鸡数，不符合题意
		小鸡的数量如何求，是否需要遍历？当公鸡和母鸡的个数确定后，小鸡数=100-公鸡数-母鸡数。其结果必定是整数，又因为3只小鸡为1钱，所以小鸡的数量必须为3的倍数

3 操作过程

根据任务分析，实现百钱买百鸡的过程如表C2-1-6所示。

表C2-1-6 百钱买百鸡实现过程

步骤	步骤解析	关键代码
1	遍历公鸡数，其可能值为1,2,3,…,19	`for cock in range(1,20):  # 从1只开始买公鸡,不包括20`
2	遍历母鸡数，其可能值为1,2,3,…,32	`for hen in range(1,33):  # 从1只开始买母鸡,不包括33`

3	计算小鸡数，写出三者的逻辑关系	`for cock in range(1,20):  # 从1只开始买公鸡,不包括20`
		`    for hen in range(1,33):  # 从1只开始买母鸡,不包括33`
		`        chick=100-cock-hen`
		`        if chick%3==0 and 5*cock+3*hen+1/3*chick==100:`
		`            print(f'公鸡数:{cock},母鸡数:{hen},小鸡数:{chick}')`

4	运行程序，验证结果的正确性	公鸡数:4,母鸡数:18,小鸡数:78 公鸡数:8,母鸡数:11,小鸡数:81 公鸡数:12,母鸡数:4,小鸡数:84

问题情境

问题1 观察任务C2-1-3百钱买百鸡的运行结果，其输出不够整齐，如何用转义字符“\t”实现对齐的效果呢？

提示： 修改程序，添加转义字符，参考代码如下。

```
for cock in range(1,20):  # 从1只开始买公鸡,不包括20
    for hen in range(1,33):  # 从1只开始买母鸡,不包括33
        chick=100-cock-hen
        if chick%3==0 and 5*cock+3*hen+1/3*chick==100:
            print(f'公鸡数:{cock},\t母鸡数:{hen},\t小鸡数:{chick}')
```

运行程序，运行结果如下。

```
公鸡数:4,      母鸡数:18,      小鸡数:78
公鸡数:8,      母鸡数:11,      小鸡数:81
公鸡数:12,     母鸡数:4,       小鸡数:84
```

由"\"与普通字符组合而成的，具有特殊意义的字符就是转义字符。下面给出Python常用的转义字符，如表C2-1-7所示。

表C2-1-7　Python常用的转义字符

转义字符	说明	转义字符	说明
\b	退格（Backspace）	\t	横向制表符
\n	换行	\r	回车
\v	纵向制表符		

问题2　在任务C2-1-3百钱买百鸡的实现过程中，采用三层循环嵌套也能实现任务要求，代码如下。

```
for cock in range(1,20):  # 遍历公鸡个数
    for hen in range(1,33):  # 遍历母鸡个数
        for chick in range(1,300):  # 遍历小鸡个数
            if cock+hen+chick==100 and cock*5+hen*3+chick/3==100:
                print(f"公鸡:{cock},母鸡:{hen},小鸡:{chick}")  # 输出结果
```

输出结果如下。

```
公鸡:4,母鸡:18,小鸡:78
公鸡:8,母鸡:11,小鸡:81
公鸡:12,母鸡:4,小鸡:84
```

通过观察，本程序输出结果也正确，和任务C2-1-3给出的参考代码相比，哪个执行效率更高？

提示： 这个程序嵌套了三层循环，也就是说本程序中循环一共执行了20×33×300= 198000次，而任务C2-1-3中循环执行了20×33=660次，显然任务C2-1-3中的循环代码实现的效率更高。

五　学习结果评价

在表C2-1-8中填写本节学习结果评价。

表C2-1-8　学习结果评价表

技能目标达成评价			
序号	评价内容	评价标准	评价结果（是/否）
1	循环嵌套的使用	能简述四种循环嵌套的方法	
		能正确运用循环嵌套，实现循环控制功能	

素养目标达成评价		
序号	评价内容	达成结果
1	具备良好的需求理解能力和程序逻辑思维能力	○感受　○提升　○践行
2	具备一定的学习和总结能力	○感受　○提升　○践行
3	了解无人机行业的发展应用，提升科技兴国的创新意识	○感受　○提升　○践行

课后作业

一、选择题

1. 以下选项中，关于循环嵌套的描述，错误的是（　　）。
   A. Python语言允许在一个循环体里面嵌入另一个循环体
   B. while循环中可以嵌入for循环
   C. for循环中不可以嵌入while循环
   D. for循环中可以嵌入for循环
2. 阅读以下代码，描述正确的是（　　）。
```
for i in range(10):
    for j in range(5):
        print("#",end=" ")
    print()
```
   A. 语句print("#", end="　")一共会执行50次
   B. 语句print一共会执行50次
   C. 语句print("#", end="　")一共会执行15次
   D. 因为print()没有打印任何东西，所以可以省略，运行结果不会发生任何改变
3. 阅读以下代码，运行结果描述正确的是（　　）。
```
for i in range(2,7):
    for j in range(2,7):
        for k in range(2,7):
            if i !=j and i !=k and j!=k:
                print(i*100+j*10+k)
```

A．打印输出的数字一定包含“7”
B．打印输出的结果都是三位数
C．输出的结果包含有332
D．输出的结果一定不包含234

4．阅读以下代码，运行结果描述错误的是（　　）。

```
i=1
while i<6:
    j=0
    while j<i:
        print('*',end='')
        j+=1
    print()
    i+=1
```

A．输出5行
B．第2行有2个星号
C．内层循环j用于控制每行打印的*的个数
D．因为print()没有打印任何东西，所以可以省略，运行结果不会发生任何改变

5．阅读以下代码，运行结果描述错误的是（　　）。

```
for i in range(1,10):
    for j in range(1,i+1):
        print('{}*{}={}\t'.format(j,i,i*j),end='')
    print()
```

A．执行代码输出九九乘法表
B．内层循环j用于控制一共打印9行
C．可使用while语句实现上述程序的功能
D．执行代码正确

二、编程题

1．编写程序，使用循环嵌套输出如下结果。

```
*
**
***
****
*****
```

2．编写程序，使用循环嵌套输出1!+2!+3!+4!+5!的结果。

3．有1、2、3、4这四个数字，设计程序计算能组成多少个互不相同且无重复数字的3位数？分别是什么？

职业能力 C2-2
能使用跳转语句编写Python程序

一 核心概念

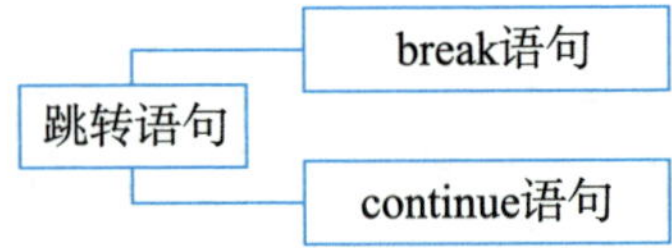

二 学习目标

1. 能概述break语句的作用。
2. 能概述continue语句的作用。
3. 能正确使用break语句、continue语句，实现跳转功能。
4. 能具备一定的学习和总结能力。

三 基本知识

Python中有两个控制循环的跳转语句，分别是break语句和continue语句。

1 break语句

break语句用来跳出所在循环（while循环或for循环），即当程序执行到break语句，则结束循环，执行循环后面的语句。break语句通常与if语句搭配使用，以便在条件满足时结束循环。示例代码如下。

```
i=0
while i<10:
    if i==5:  # 当i=5时,结束整个循环
        break
    print(f"i={i}")
    i+=1
```

运行程序，运行结果如下。

```
i=0
i=1
i=2
```

```
i=3
i=4
```

当循环嵌套的内循环中使用了break语句，则执行到break语句时结束整个内循环，然后执行外循环中的代码。示例代码如下。

```
for i in range(1,10):
    for j in range(1,i+1):
        print(f'{j}*{i}={j*i}\t',end='')
        if j==3:
            break
    print()
```

运行程序，运行结果如下。

```
1*1=1
1*2=2    2*2=4
1*3=3    2*3=6     3*3=9
1*4=4    2*4=8     3*4=12
1*5=5    2*5=10    3*5=15
1*6=6    2*6=12    3*6=18
1*7=7    2*7=14    3*7=21
1*8=8    2*8=16    3*8=24
1*9=9    2*9=18    3*9=27
```

当循环嵌套的外循环中使用了break语句，则执行到break语句，结束整个双重循环，然后执行外循环后的代码。示例代码如下。

```
for i in range(1,10):
    for j in range(1,i+1):
        print(f'{j}*{i}={j*i}\t',end='')
    if i==4:
        break
    print()
```

运行程序，运行结果如下。

```
1*1=1
1*2=2    2*2=4
1*3=3    2*3=6     3*3=9
1*4=4    2*4=8     3*4=12     4*4=16
```

2 continue语句

continue语句用来结束正在进行的当次循环，即当程序执行到continue语句时，不再执行该循环内continue语句之后的语句，而且回到所处循环的开始，继续下一次的循环执行。示例代码如下。

```
i=0
while i<10:
```

```
    i+=1
    if i==5:   # 当i=5时，结束当前循环进入下一个循环
        continue
    print(f"i={i}")
```

运行程序，运行结果如下。

```
i=1
i=2
i=3
i=4
i=6
i=7
i=8
i=9
i=10
```

当循环嵌套的内循环中使用了continue语句，则执行到continue语句时，结束当次内循环，然后继续执行内循环中下一个循环条件的代码。示例代码如下。

```
for i in range(1,10):
    for j in range(1,i+1):
        if j==3:
            continue
        print(f'{j}*{i}={j*i}\t',end='')
    print()
```

运行程序，运行结果如图C2-2-1所示。

```
1*1=1
1*2=2	2*2=4
1*3=3	2*3=6
1*4=4	2*4=8	4*4=16
1*5=5	2*5=10	4*5=20	5*5=25
1*6=6	2*6=12	4*6=24	5*6=30	6*6=36
1*7=7	2*7=14	4*7=28	5*7=35	6*7=42	7*7=49
1*8=9	2*8=16	4*8=32	5*8=40	6*8=48	7*8=56	8*8=64
1*9=9	2*9=18	4*9=36	5*9=45	6*9=54	7*9=63	8*9=72	9*9=81
```

图C2-2-1 内循环使用continue语句示例代码的运行结果

当循环嵌套的外循环中使用了continue语句，则执行到continue语句，结束当前外循环，然后回到外循环头部，继续执行下一次循环。示例代码如下。

```
for i in range(1,10):
    if i==3:
        continue
    for j in range(1,i+1):
        print(f'{j}*{i}={j*i}\t',end='')
    print()
```

运行程序，运行结果如图C2-2-2所示。

```
1*1=1
1*2=2   2*2=4
1*4=4   2*4=8    3*4=12   4*4=16
1*5=5   2*5=10   3*5=15   4*5=20   5*5=25
1*6=6   2*6=12   3*6=18   4*6=24   5*6=30   6*6=36
1*7=7   2*7=14   3*7=21   4*7=28   5*7=35   6*7=42   7*7=49
1*8=9   2*8=16   3*8=24   4*8=32   5*8=40   6*8=48   7*8=56   8*8=64
1*9=9   2*9=18   3*9=27   4*9=36   5*9=45   6*9=54   7*9=63   8*9=72   9*9=81
```

图C2-2-2　外循环使用continue语句示例代码的运行结果

3 break语句和continue语句的区别

continue语句只结束本次循环，不终止整个循环的执行，而break语句会结束整个当前循环。

4 break语句和continue语句所在循环的流程图

break语句和continue语句所在循环的语句结构和流程图如表C2-2-1所示。

表C2-2-1　break语句和continue语句所在循环的语句结构和流程图

分项	break语句	continue语句
语句结构	while　条件表达式1： 　代码块1 　if　条件表达式2： 　　break 　代码块2	while　条件表达式1： 　代码块1 　if　条件表达式2： 　　continue 　代码块2
流程图	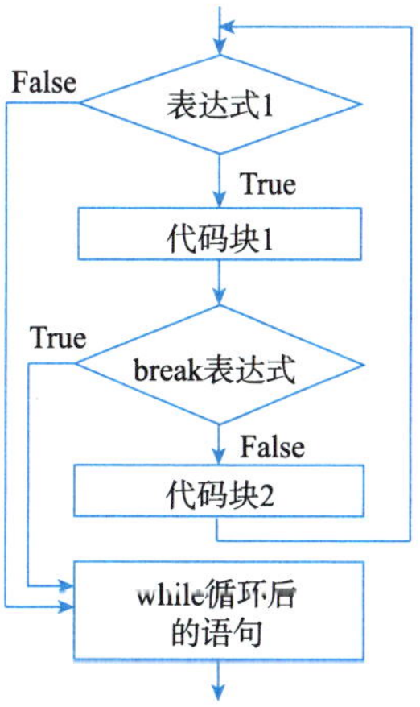 False 表达式1 True 代码块1 True break表达式 False 代码块2 while循环后 的语句	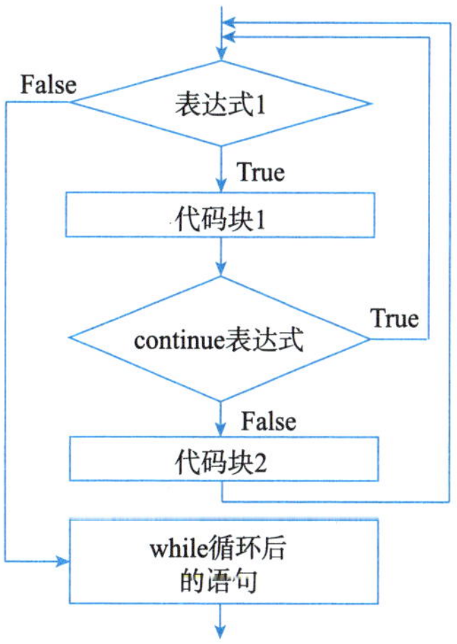 False 表达式1 True 代码块1 continue表达式 True False 代码块2 while循环后 的语句

四　能力训练

任务C2-2-1　猜数字游戏

1　任务描述

猜数字游戏是一个古老的密码破译类的经典小游戏。一个玩家A从某个数值区间（比如1～100、100～1000等）选取一个随机数，另一个玩家B尝试猜这个数字。

如果玩家B猜的数比设定的数大了，则玩家A提示："猜大了"；

如果玩家B猜的数比设定的数小了，则玩家A提示："猜小了"；

如果玩家B猜的数与设定的数一样大，则玩家A提示："恭喜你猜对了！"。

编写程序，实现上述猜数字游戏要求，并且限制猜数机会为10次。每猜错1次，会提示当前还剩下几次机会，直到10次机会用完，游戏结束。如果10次以内猜对，则游戏同样结束。

2　任务分析

猜数字游戏的任务分析过程如表C2-2-2所示。

表C2-2-2　任务分析表

步骤	步骤分解	关键技术
1	输入数字区间	使用input()函数
2	通过随机函数产生数字区间内的随机数	调用随机模块函数：randint（a，b）
3	模拟玩家输入猜的数字	使用input()函数
4	比较玩家猜的与设定的数的大小	使用if分支
5	未猜中则回到步骤3，并显示剩余次数	使用while循环语句结合if分支语句
6	猜中则游戏结束，退出程序	使用break语句

3　操作过程

根据任务分析，猜数字游戏的实现过程如表C2-2-3所示。

表C2-2-3　操作过程表

步骤	步骤解析	关键代码

1	通过input()函数，输入数字区间的上限及下限	# 设置数字区间
		high_num=int(input('请输入所猜数字的上限:'))
		low_num=int(input('请输入所猜数字的下限:'))

续表

步骤	步骤解析	关键代码

2	调用随机模块的randint(a,b)函数，产生数字区间[a,b]内的随机整数	import random
		# 设置数字区间
		high_num=int(input('请输入所猜数字的上限：'))
		low_num=int(input('请输入所猜数字的下限：'))
		# 产生所设区间内的随机整数
		secret_data=random.randint(low_num,high_num)

3	(1)考虑到猜数游戏有10次机会，只要猜错还需再次猜数，应该用循环语句来实现该功能。
	(2)对数字的大小判断，应该用if分支语句实现。
	(3)剩余次数可与循环变量相关联。
	(4)如果猜中，则退出程序，此处用break语句实现。一旦程序执行break语句，则会跳出循环，结束游戏。
	(5)为了增加情境感，当10次机会用完，给出相关提示语句
		i=0
		while i<10:
		    guess_data=int(input('请输入你猜的数：'))
		    if guess_data>secret_data:
		        print(f'猜大了!你还有{9-i}次机会')
		    elif guess_data<secret_data:
		        print(f'猜小了!你还有{9-i}次机会')
		    else:
		        print(f'{guess_data},恭喜你猜对了!')
		        break
		    if i==9:
		        # 10次未猜对给出提示
		        print('10次机会已用完，欢迎下次再来!')
		    i+=1

4	运行程序，验证结果的正确性	请输入所猜数字的上限：500 请输入所猜数字的下限：100 请输入你猜的数：300 猜大了!你还有9次机会 请输入你猜的数：200 猜大了!你还有8次机会 请输入你猜的数：150 猜小了!你还有7次机会 请输入你猜的数：175 猜小了!你还有6次机会 请输入你猜的数：188 猜大了!你还有5次机会 请输入你猜的数：182 猜小了!你还有4次机会 请输入你猜的数：185 猜小了!你还有3次机会 请输入你猜的数：186 186,恭喜你猜对了!

任务C2-2-2 输出20以内的质数

1 任务描述

质数又称素数。一个大于1的自然数，除了1和它自身外，不能被其他自然数整除的数叫作质数。编写代码，实现20以内质数的输出。

2 任务分析

输出20以内质数的任务分析过程如表C2-2-4所示。

表C2-2-4 任务分析表

步骤	步骤分解	关键技术
1	剖析质数的概念	根据质数定义，除了1和它自身外，不能被其他自然数整除。运用这个特性，假设判断一个数a是不是质数，可以让a除以所有比它小的数。如果a都不能整除所有比它小的数，则认为a就是质数
2	实现20以内质数的输出	现在这个a是20以内的任意一个数，相当于需要对20以内的所有整数重复上述判断，即循环遍历这些数

3 操作过程

根据任务分析，输出20以内的质数的操作过程如表C2-2-5所示。

表C2-2-5 操作过程表

<table>
<tr><th>步骤</th><th>步骤解析</th><th>关键代码</th></tr>
<tr><td>1</td><td>判断20以内任一整数是否为质数</td><td><pre>num=int(input('请输入想要判断的数:'))
flag=0
j=2
while j<num:
    # num整除所有比它小的数(从2开始)
    # 如果能整除,表示该数不是质数
    if num%j==0:
        flag=1 # 相当于一个标志量
    j+=1
if flag==0: # 表示经过上述while循环,num没有被任何数整除
    print(f'{num}是质数')
else:
    print(f'{num}不是质数')</pre>
运行结果如下。
<pre>请输入想要判断的数:37
37是质数</pre></td></tr>
</table>

续表

<table>
<tr><th>步骤</th><th>步骤解析</th><th>关键代码</th></tr>
<tr><td>2</td><td>更改程序，将num变量改为遍历20以内的任意一个数，若是质数则输出</td><td><pre>for num in range(2,20):
    flag=0
    j=2
    while j<num:
# num整除所有比它小的数（从2开始），如能整除，表示该数不是质数
        if num%j==0:
            flag=1 # 相当于一个标志量
        j+=1
    # flag==0,
    if flag==0:num没有被任何数整除
        print(f'{num}是质数')</pre>运行结果达到预期：
2是质数
3是质数
5是质数
7是质数
11是质数
13是质数
17是质数
19是质数</td></tr>
<tr><td>3</td><td>优化程序。在执行num%j==0时，假设当num%2==0成立，是否还有必要继续while循环，判断num%3==0？
答案是肯定没有必要的，一旦该if判断为真，表示这个数一定不是质数，就没有必要继续往下执行。在这种情况下，可以使用break语句结束循环，从而提高程序的运行效率</td><td><pre>for num in range(2,20):
    flag=0
    j=2
    while j<num:
# num整除所有比它小的数（从2开始）
# 如能整除，表示该数不是质数
        if num%j==0:
            flag=1 # 相当于一个标志量
            break
        j+=1
    if flag==0: # 表示经过上述while循环，num没有被任何数整除
        print(f'{num}是质数')</pre></td></tr>
<tr><td>4</td><td>运行程序，验证结果的正确性</td><td>运行结果达到预期：
2是质数
3是质数
5是质数
7是质数
11是质数
13是质数
17是质数
19是质数</td></tr>
</table>

问题情境

问题1 通过调用random.randint(a,b)可以实现产生[a,b]之间任意一个随机整数的功能，那么除了randint之外，random模块还有哪些功能？

提示：random模块是Python内置的标准模块。在程序中导入该模块，可利用模块中的函数生成随机函数。下面列出random模块常用函数，如表C2-2-6所示。

表C2-2-6 random模块常用函数

函数名	说明
random.random()	用于生成一个随机浮点数n，0≤n＜1.0
random.uniform（a,b）	用于生成一个指定范围内的随机浮点数n，若a<b，则a≤n≤b；若a＞b，则b≤n≤a
random.randint（a,b）	用于生成一个指定范围内的整数n，a≤n≤b
random.range（[start],stop,[step]）	生成一个按指定基数递增的序列，再从该序列中获取一个随机数
random.choice（sequence）	从序列中获取一个随机元素，参数sequence表示一个序列类型

问题2 某些程序中，如果不加break语句，程序也能正确结束运行（如本任务中的程序），那是否还有必要加break语句？加break语句后，本任务中的相关代码如下。

```
for num in range(2,20):
    flag=0
    j=2
    while j<num:
        # num整除所有比它小的数（从2开始），如能整除，表示该数不是质数
        if num%j==0:
            flag=1   # 相当于一个标志量
            break
        j+=1
    if flag==0:   # 表示经过上述while循环，num没有被任何数整除
        print(f'{num}是质数')
```

提示：任务C2-2-2中只需要输出20以内的数，因此即使无效循环很多次也不会对程序有太大影响。但是如果将20改成10万数量级，那么有和没有break语句，程序的运行时间将有十几秒的差别。在代码开发过程中，如果能有效提高程序的运行效率，将是一件非常有价值的事情。

五 学习结果评价

在表C2-2-7中填写本节学习结果评价。

表C2-2-7　学习结果评价表

技能目标达成评价			
序号	评价内容	评价标准	评价结果（是/否）
1	跳转语句的使用	能简述break语句和continue语句的区别	
		能正确运用跳转语句，实现程序功能	

素养目标达成评价		
序号	评价内容	达成结果
1	具备良好的需求理解能力和程序逻辑思维能力	○感受　○提升　○践行
2	具备一定的学习和总结能力	○感受　○提升　○践行

课后作业

一、选择题

1. 运行以下程序，程序的输出结果为（　　）。

```
i=3
j=5
while  True:
    if i<5:
        i+=i
        print(i)
        break
    elif j<1:
        j-=j
        print(j)
```

A. 8　　B. 2　　C. 6　　D. 0

2. 下列语句中，可以跳出循环体的是（　　）。

A. continue　　B. break　　C. goto　　D. return

3. 运行以下程序，输出结果为（　　）。

```
x=5
for x in range(5):
    x+=1
    if x==3:
        break
    print(x,end='    ')
```

A. 1 2　　B. 1 2 3　　C. 1 2 3 4 5　　D. 0

4. 以下选项中，不是Python语言基本控制结构的是（　　）。

A. 顺序结构　　B. 循环结构　　C. 跳转结构　　D. 程序异常

5. 运行以下程序，输出结果为（　　）。

```
for a in 'hello':
    print(a,end='')
    if a=='l':
        break
```

A. he　　B. hel　　C. hell　　D. hello

二、编程题

1. 编写程序，实现用户登录时的信息验证。

要求：登录时提示用户输入用户名和密码，验证是否匹配，如果匹配则提示登录成功，并结束程序。如果不匹配，系统提供用户三次机会输入用户名和密码，如果超过三次仍不能匹配，程序结束。

2. 编写程序，用continue语句实现100以内能被10整除的数的累加和。

3. 编写程序，求出1000以内的完全数。完全数是指，如果一个数恰好等于它的约数之和，则称该数为完全数，又称完美数或完备数。例如，第一个完全数是6，它有约数 1、2、3、6，除去6本身这个数外，其余3 个数相加等于它自身，即1+2+3=6。

工作任务 C3 组合数据类型编程

职业能力 C3-1 能使用列表和元组类型编写Python程序

一 核心概念

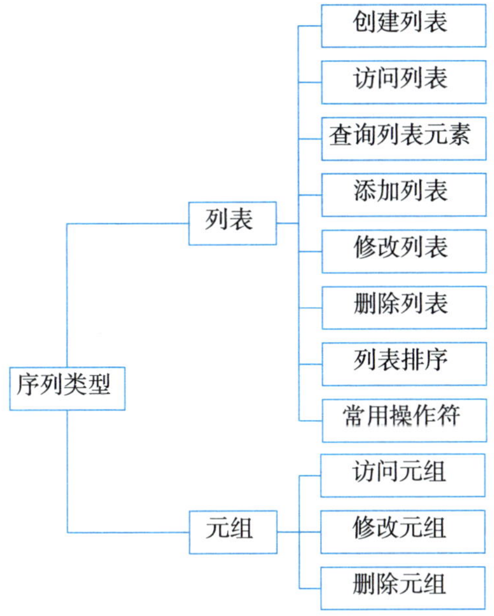

二 学习目标

1．能够概述序列类型的分类和特点。

2．能够掌握列表的创建与访问列表元素的方式。

3．能够熟练掌握列表遍历和排序的方法。

4．能够熟练掌握添加、删除、修改列表元素的方法。

5．能够掌握元组的创建与访问元组的方式。

6．培养“程序设计有依据，编程过程按流程，编译调试留记录”的严谨且务实的工作态度。

三 基本知识

1 组合数据类型

在B1模块中我们已经学习了使用数字类型编写Python程序，但在实际应用中，经常要批量处理数据，Python为此提供了组合数据类型。组合数据类型可以同时处理一组数据，这样不仅简化了程序员的开发工作，而且大幅提高了程序运行效率。Python中常见的组合数据类型有列表、元组、集合和字典等。

2 列表

列表是Python中重要的组合数据类型，它可以存放任意类型的数据。我们可以对列表中的元素进行添加、删除、修改等操作。

（1）创建列表

创建列表的方法如表C3-1-1所示。

表C3-1-1　创建列表的方法

方法	用法示例	注意事项

中括号[ ]	# 创建一个空列表
	lst=[]
	# 列表中元素类型相同，均为字符串类型，如列出八大行星
	lst_planet=["水星","金星","地球","火星","木星",
	"土星","天王星","海王星"]
	# 列表中元素类型不同，如列出地球中文名，地球英文名，大洲个数
	lst_Earth=['地球','Earth',7]
	# 列表中内嵌一个列表
	lst_Mars=['火星','Mars',['火卫一','火卫二']]
		组合类型还可以是自定义类型，使用“,”分隔。列表元素的类型可以相同也可以不同

list()函数	lst_ex1=list('Earth')　# 字符串类型为可迭代类型 lst_ex2=['地球','Earth',7]　# 列表类型为可迭代类型 print(lst_ex1) print(lst_ex2) lst_ex3=list(1)　# 整数类型不是可迭代类型，创建失败 print(lst_ex3) 运行结果如下。 ['E','a','r','t','h'] ['地球','Earth',7] Traceback (most recent call last): File "D:/C3-1/创建列表.py",line 11,in<module> lst_ex3=list(1) TypeError:'int' object is not iterable	list()函数接受一个可迭代类型的数据，返回一个列表。 可迭代数据类型有字符串、集合、元组、列表、字典等。 不可迭代数据类型有整数、浮点数、复数、分数等

（2）访问列表元素

访问列表元素的方法如表C3-1-2所示。

表C3-1-2 访问列表元素的方法

方法	语法说明	用法示例

索引方式	正数索引（正向索引）：为列表中的每个元素都分配一个数字，以索引代表它在列表中的位置，从0开始递增，从左向右自然排序。正向索引的示意图如下所示。 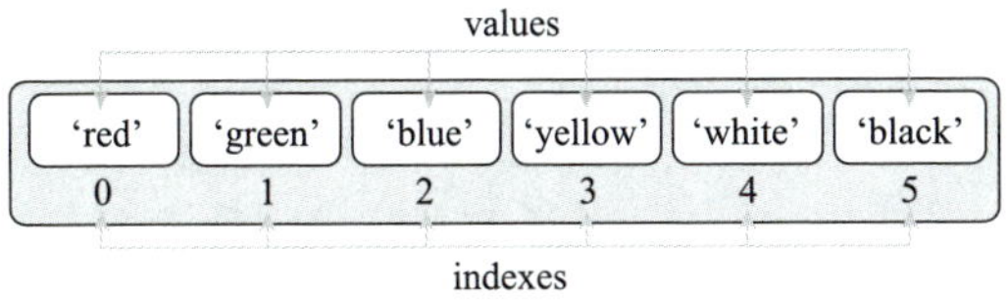
	values
	'red' 'green' 'blue' 'yellow' 'white' 'black'
	0 1 2 3 4 5
	indexes
	负数索引（反向索引）：从最后一个元素开始计数，最右边的一个元素的索引为-1，向左开始递减。从右向左自然排序，最后一个元素的位置编号是-1，倒数第二个元素的索引值为-2。反向索引的示意图如下所示。 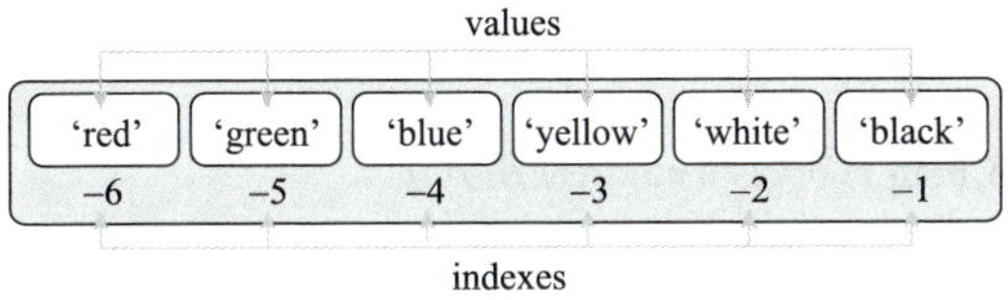
	values
	'red' 'green' 'blue' 'yellow' 'white' 'black'
	-6 -5 -4 -3 -2 -1
	indexes
		# 列表中元素类型为字符串类型
		lst_planet=["水星","金星","地球",
		"火星","木星","土星",
		"天王星","海王星"]
		# 正数索引，输出列表第三个元素是"地球"
		print(lst_planet[2])
		# 负数索引，也输出"地球"
		print(lst_planet[-6])
		# 正数索引，输出列表第一个元素是"水星"
		print(lst_planet[0])
		# 负数索引，也输出"水星"
		print(lst_planet[-8])

切片方式	切片操作可以访问一定范围内的元素，通过切片操作，可以生成一个新的列表。语法格式：
	sname[start:end:step]
	• sname：表示序列的名称。
	• start：表示切片的开始位置（包括该位置），如不指定，则默认为0。
	• end：表示切片的截止位置（不包括该位置），如不指定，则默认为序列长度。
	• step：表示切片的步长，如果省略，则默认为1。当省略该步长时，最后一个冒号也可以省略。
	切片操作的示意图如下所示。 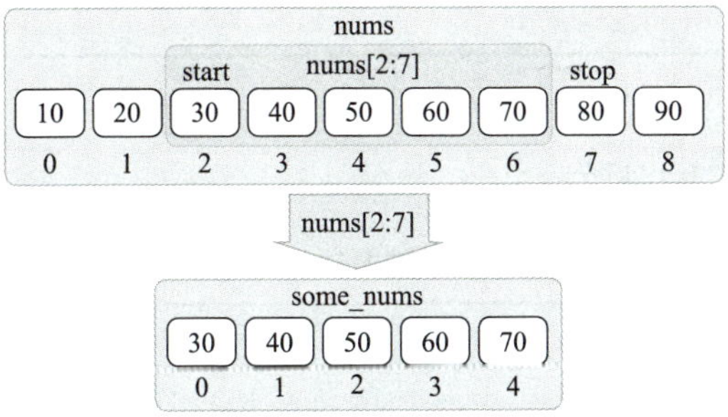
	nums
	start nums[2:7] stop
	10 20 30 40 50 60 70 80 90
	0 1 2 3 4 5 6 7 8
	nums[2:7]
	some_nums
	30 40 50 60 70
	0 1 2 3 4
		# 列表中元素类型为字符串类型
		lst_planet=["水星","金星","地球",
		"火星","木星","土星",
		"天王星","海王星"]
		# 步长1，获取列表中索引0～2对应的元素值(不含索引3的值)
		print(lst_planet[0:3:1])
		# 步长1，获取列表中索引2～6对应的元素值(不含索引7的值)
		print(lst_planet[2:7:1])
		# 步长2，获取列表中索引2～6对应的元素值(不含索引7的值)
		print(lst_planet[2:7:2])
		# 省略步长，步长默认1
		print(lst_planet[0:4])
		# 省略起始位置及步长，起始位置默认索引0
		print(lst_planet[:4])
		# 省略截止位置及步长，截止位置默认为列表长度
		print(lst_planet[2:])
		# 省略起始位置及截止位置，步长2
		print(lst_planet[::2])
		# 顺序输出列表元素值
		print(lst_planet[::])

方法	语法说明	用法示例

切片方式	在不确定列表长度的时候，可以使用负数索引（倒数）的方式进行截取。
	步长也可以为负数，表示倒序输出
		# 从索引1截取到倒数第三位
		print(lst_planet[1:-2])
		# 倒序输出列表元素值
		print(lst_planet[::-1])

循环遍历	列表是一个可迭代对象，可以使用for...in...循环语句，逐个访问列表中的元素	# 列表中元素类型为字符串类型
		lst_planet=["水星","金星","地球",
		"火星","木星","土星",
		"天王星","海王星"]
		# 循环方式遍历列表元素
		for planet in lst_planet:
		    # 输出时，结尾以空格分隔
		    print(planet,end=' ')

（3）查询列表元素

Python的成员运算符in和not in，可以用于查询某个元素是否存在于列表中，如表C3-1-3所示。

表C3-1-3　成员运算符in和not in使用方法

运算符	语法说明	用法示例

in	判断某个元素是否存在于列表中，存在返回True，不存在返回False	创建一个列表lst_planet，存放八大行星的名字，判断天王星是否在列表中，判断冥王星是否在列表中。
		lst_planet=["水星","金星","地球","火星",
		"木星","土星","天王星","海王星"]
		# 判断"天王星"是否在八大行星中
		print("天王星" in lst_planet)
		# 判断"冥王星"是否在八大行星中
		print("冥王星" in lst_planet)

not in	判断某个元素是否不存在于列表中，不存在返回True，存在返回False	# 判断"冥王星"是否不在八大行星中
		print("冥王星" not in lst_planet)
		运行结果如下。
		True
		False
		True

（4）修改、添加列表元素

修改、添加列表元素的方法如表C3-1-4所示。

表C3-1-4　修改、添加列表元素的方法

方法	语法说明	用法示例
修改列表元素	利用索引的方式修改对应的元素值	将lst_planet中的"地球"替换成"Earth"。 lst_planet=["水星","金星","地球","火星", "木星","土星","天王星","海王星"]

续表

方法	语法说明	用法示例

修改列表元素	利用索引的方式修改对应的元素值	# 修改索引2对应的元素值
		lst_planet[2]="Earth"
		print(lst_planet)
		运行结果如下。
		['水星','金星','Earth','火星','木星','土星','天王星','海王星']

添加列表元素	方法一：append()方法。
	使用append()方法添加列表元素，用于在列表末尾添加新的对象。语法格式：
	listname.append(obj)
	• listname：需要添加元素的列表名称。
	• obj：需要添加到列表末尾的对象。可以是单个元素，也可以是列表、元组等迭代类型。
	• 返回值：该方法无返回值，但是会修改原来的列表
		使用append()方法在列表末尾添加单个元素。
		lst_sort=['通信卫星','气象卫星','军事卫星']
		# 将"海洋卫星"添加到列表末尾
		lst_sort.append("海洋卫星")
		print(lst_sort)
		运行结果如下。
		['通信卫星','气象卫星','军事卫星','海洋卫星']

	方法二：extend()方法。
	使用extend()方法添加列表元素，用于在列表末尾一次性追加另一个序列中的多个值（用新列表扩展原来的列表）。语法格式：
	listname.extend(obj)
	• listname：需要添加元素的列表名称。
	• obj：需要添加到列表末尾的对象。可以是单个元素，也可以是列表、元组等迭代类型。
	• 返回值：该方法没有返回值，但是会在已存在的列表中添加新的列表内容
		使用extend()方法在列表末尾添加单个元素。
		lst_sort=['通信卫星','气象卫星','军事卫星']
		lst_sort.extend("海洋卫星")
		print(lst_sort)
		# 报错，整型不是迭代类型
		lst_sort.extend(1)
		print(lst_sort)
		运行结果如下。
		['通信卫星','气象卫星','军事卫星','海','洋','卫','星']
		Traceback (most recent call last):
		  lst_sort.extend(1)
		TypeError:'int' object is not iterable

	方法三：insert()方法。 使用insert()方法添加列表元素，用于按照索引将新元素插入列表指定位置。语法格式： listname.insert(index, obj) • listname：需要添加元素的列表名称。 • index：指定位置的索引值。 • obj：需要插入列表指定位置的对象。可以是单个元素，也可以是列表、元组等迭代类型	使用insert()方法在列表任意位置添加单个元素。 lst_sort=['通信卫星','气象卫星','军事卫星'] lst_sort.insert(1,"海洋卫星") print(lst_sort) 运行结果如下。 ['通信卫星','海洋卫星','气象卫星','军事卫星']

（5）删除列表元素

在Python列表中删除元素主要有以下三种场景。

1）根据目标元素位置的索引进行删除，使用del语句或pop方法。

2）根据元素值进行删除，使用list类型提供的remove()方法。

3）将列表中所有元素删除，使用list类型提供的clear()方法。

删除列表元素、清除列表的方法如表C3-1-5所示。

表C3-1-5　删除列表元素、清除列表的方法

方法	语法说明	用法示例

del语句	del语句可以删除列表中指定位置的单个元素。语法格式：
	`del listname[index]`
	• listname：需要删除元素的列表名称。
	• index：指定位置的索引值
		# lst_satellite:中国卫星名称列表
		lst_satellite=['东方红一号','东方红二号',
		'北斗一号','风云二号',
		'资源一号','高分七号']
		# 删除"东方红二号",即删除列表索引为1的元素
		del lst_satellite[1]
		print(lst_satellite)
		运行结果如下。
		['东方红一号','北斗一号','风云二号','资源一号','高分七号']

	del语句可以删除列表中指定位置的一段连续的元素。语法格式： `del listname[start: end]` • start：开始位置（包括该位置），如不指定，则默认为0。 • end：截止位置（不包括该位置），如不指定则默认为序列长度	lst_satellite=['东方红一号','东方红二号', '北斗一号','风云二号', '资源一号','高分七号'] # 删除"东方红二号"和"北斗一号",可以使用切片模式 del lst_satellite[1:3] print(lst_satellite) 运行结果如下。 ['东方红一号','风云二号','资源一号','高分七号']
	del语句也可以删除整个列表。语法格式： `del listname`	lst_satellite=['东方红一号','东方红二号', '北斗一号','风云二号', '资源一号','高分七号'] # 删除整个列表 del lst_satellite

pop()方法	pop()方法用来删除列表中指定索引位置的元素，若未指定具体元素，则删除列表中的最后一个元素。语法格式：
	`listname.pop(index)`
	• listname：需要删除元素的列表名称
	• index：指定位置的索引值。如果没有index参数，默认删除列表中最后一个元素，类似于数据结构中的“出栈”操作
		lst_satellite=['东方红一号','东方红二号',
		'北斗一号','风云二号',
		'资源一号','高分七号']
		# 删除列表中索引为1的元素,删除"东方红二号"
		lst_satellite.pop(1)
		print(lst_satellite)
		# 删除列表中的最后一个元素
		lst_satellite.pop()
		print(lst_satellite)
		运行结果如下。
		['东方红一号','北斗一号','风云二号','资源一号','高分七号']
		['东方红一号','北斗一号','风云二号','资源一号']

续表

方法	语法说明	用法示例

remove()
方法
	remove()方法用于删除列表中某个值的第一个匹配值。若列表中有多个匹配的元素，remove()只删除匹配到的第一个元素。语法格式：
	`listname.remove(obj)`
	• listname：需要删除元素的列表名称。
	• obj：需要添加到列表末尾的对象。可以是单个元素，也可以是列表、元组等迭代类型。
	注意：
	remove()方法只会删除第一个与指定值相同的元素，而且必须保证该元素是存在的，否则会引发ValueError错误
		`lst_satellite=[['东方红一号','东方红二号'],`
		`'北斗一号','风云二号',`
		`'资源一号','高分七号']`
		`# 删除单个元素，删除"风云二号"`
		`lst_satellite.remove('风云二号')`
		`print(lst_satellite)`
		`# 删除列表、元组等迭代元素`
		`lst_satellite.remove(['东方红一号',`
		`'东方红二号'])`
		`print(lst_satellite)`
		运行结果如下。
		`['东方红一号','东方红二号'],'北斗一号',`
		`'资源一号','高分七号']`
		`['北斗一号','资源一号','高分七号']`

clear()
方法
	clear()方法用于清除列表。语法格式：
	`listname.clear()`
		`lst_satellite=['东方红一号','东方红二号',`
		`'北斗一号','风云二号']`
		`lst_satellite.clear()`

（6）列表元素排序

列表元素排序是将列表中的元素按照某种规则进行排列。Python常用的列表元素排序方法有sort()、sorted()、reverse()，列表元素排序的方法如表C3-1-6所示。

表C3-1-6　列表元素排序的方法

方法	语法说明	用法示例

sort()
方法
	sort()方法：对原列表进行排序。语法格式：
	`listname.sort(key= None,reverse=False)`
	• listname：需要进行元素排列的列表名称。
	• key：可选参数，指定从某个列表元素中提取一个用于比较的键值。
	• reverse：可选参数，True：降序，False：升序，默认为升序。
	• 返回值：无返回值，但是会对列表的元素进行排序。
	注意：
	• sort()方法可以对数值列表进行排序。
	• sort()方法可以对字符串列表进行排序，先对大写字母排序，然后再对小写字母排序。
	• 如果想让字符串列表排序时不区分大小写，那就需要指定key参数
		对数值列表进行排序。
		`# 列表中元素类型为浮点型`
		`lst_area=[0.748,4.6,5.11,1.4,614.19,457.15,`
		`81.16,76.93]`
		`print("原列表:",lst_area)`
		`# 使用sort()对数值列表进行升序排序`
		`lst_area.sort()`
		`print("升序列表:",lst_area)`
		`# 使用sort()对数值列表进行降序排序`
		`lst_area.sort(reverse=True)`
		`print("降序列表:",lst_area)`
		运行结果如下。
		`原列表:[0.748,4.6,5.11,1.4,614.19,457.15,81.16,76.93]`
		`升序列表:[0.748,1.4,4.6,5.11,76.93,81.16,457.15,614.19]`
		`降序列表:[614.19,457.15,81.16,76.93,5.11,4.6,1.4,0.748]`

续表

方法	语法说明	用法示例

sorted()方法	sorted()方法：产生新的列表。
	使用sorted()方法进行排序后，原列表的元素顺序不变，该方法的返回值为排列后的新列表。语法格式：
	sorted(listname,key= None,reverse= False)
	• listname：需要进行元素排列的列表名称。
	• key：可选参数，指定从某个列表元素中提取一个用于比较的键。
	• reverse：可选参数，True为降序，False为升序，默认为升序。
	返回值：重新排序后的新列表
		lst_planet=['Mercury','Venus','earth', 'Mars', 'jupiter','Saturn','Uranus', 'Neptune']
		# 生成一个排序后的新列表，设定不区分字母大小写，降序
		lst_planet_new=sorted(lst_planet,key=str.lower,reverse=True)
		print(lst_planet_new)
		运行结果如下。
		['Venus','Uranus','Saturn','Neptune', 'Mercury','Mars','jupiter','earth']

reverse()方法	reverse()方法用于逆置列表，即把原列表中的元素从右至左依次排列存放。语法格式：
	listname.reverse()
	• listname：需要进行元素排列的列表名称。
	• 返回值：无返回值，但是会对列表的元素进行反向排序
		lst_planet=['Mercury','Venus','Earth','Mars', 'Jupiter','Saturn','Uranus','Neptune']
		# 将列表中的元素进行反向排序
		lst_planet.reverse()
		print("反向排序:",lst_planet)
		运行结果如下。
		反向排序:['Neptune','Uranus','Saturn','Jupiter', 'Mars','Earth','Venus','Mercury']

（7）Python列表操作符

列表常用操作符如表C3-1-7所示。

表C3-1-7　列表常用操作符

Python表达式	结果	功能说明
len(["水星","金星","地球","火星","木星","土星","天王星","海王星"])	8	长度
['东方红一号','北斗一号']+['风云二号']	['东方红一号','北斗一号','风云二号']	组合
['北斗一号']*4	['北斗一号','北斗一号','北斗一号','北斗一号']	重复
'北斗一号' in['东方红一号','北斗一号']	True	元素是否存在于列表中
for x in['东方红一号','北斗一号']: 　print(x, end=' ')	'东方红一号' '北斗一号'	迭代

3 元组

（1）元组和列表的区别

Python 中的元组与列表类似，两者的区别是：

1）列表是可变的数据类型，列表元素可以被修改，列表使用方括号。

2）元组是不可变的数据类型，元组元素不能被修改，元组使用小括号。

（2）创建元组

元组创建很简单，在小括号中添加元素，并使用逗号隔开即可，如表C3-1-8所示。

表C3-1-8　创建元组的方法

方法	用法示例	注意事项

小括号
()
	# 创建空元组
	tup1=()
	# 元组中元素类型为浮点型
	tup_area=(0.748,4.6,5.11,1.4,614.19,457.15,
	81.16,76.93)
	# 元组中元素类型不同
	tup_Earth=('地球','Earth',1.00,12742)
	# 元组可以省略小括号
	tup_sort='通信卫星','气象卫星','军事卫星'
	# 元组中只包含一个元素时，需要在元素后面添加逗号
	tup_satellite='东方红一号',
	tup_satellite=('东方红一号',)
		()中包括的元组元素，可以是整型、浮点型、字符串型等基本类型，也可以是列表、元组、字典等组合类型，还可以是自定义类型，使用“,”分隔。
		元组元素的类型可以相同也可以不同

tuple()
函数
	# 字符串类型为可迭代类型
	tup_ex1=tuple('Earth')
	# 元组类型为可迭代类型
	tup_ex2=tuple(['地球','Earth',1.00,12742])
	print(tup_ex1)
	print(tup_ex2)
	# 整数类型不是可迭代类型，创建失败
	tup_ex3=tuple(1)
	print(tup_ex3)
		tuple()函数接受一个可迭代类型的数据，返回一个元组。
		可迭代数据类型有字符串、集合、元组、列表、字典等。
		不可迭代数据类型有整数、浮点数、复数、分数等

（3）访问元组

可以使用索引和切片的方法来访问元组中的值，如表C3-1-9所示。

表C3-1-9　访问元组的方法

方法	语法说明	用法示例

索引
方式
	元组的索引访问和列表相同，可以采用正数索引和负数索引两种方式	# 元组中元素类型为浮点型
		tup_area=(0.748,4.6,5.11,1.4,614.19,457.15,
		81.16,76.93)
		# 元组中元素类型可以不同
		tup_Earth=('地球','Earth',1.0,12742)
		# 使用索引方式访问元组
		print(tup_area[0],tup_area[-1])

切片
方式
	元组的切片访问和列表的相同	# 使用切片方式访问元组
		print(tup_Earth[1:3])

续表

方法	语法说明	用法示例

循环遍历	元组是一个可迭代对象，可以使用for…in…循环语句，逐个访问元组中的元素	# 元组中元素类型为字符串类型
		tup_planet=("水星","金星","地球","火星","木星",
		"土星","天王星","海王星")
		# 循环方式遍历元组元素
		for planet in tup_planet :
		    # 输出时，结尾以空格分割
		    print(planet,end=' ')

（4）修改元组

元组中的元素值是不允许修改的，任何修改都会引起系统报错，示例代码如下。

```
tup_planet=("水星","金星","地球","火星","木星","土星","天王星","海王星")
# 以下操作为非法操作
tup_planet[2]='Earth'
print(tup_planet)
```

（5）删除元组

元组中的元素值是不允许删除的，但可以使用del语句来删除整个元组。

四 能力训练

任务C3-1-1 分析温度数据

1 任务描述

我们平时所获知的天气预报，背后都离不开气象卫星。

某气象站收到气象卫星发送的温度数据，需要进行11月份每日气温统计与分析，创建temperatures列表记录。

统计要求如下。

1）输入数据模拟创建11月份每日温度。

2）请统计出该月的最高气温、最低气温、平均气温。

3）统计出高于平均气温的天数。

4）请计算这个月中每一天各自需要几天后才会升温，并将结果通过列表返回（如果气温在这之后都没有升高或者当天是该月最后一天，请在该位置用0代替）。

2 任务分析

根据要求，分析任务如表C3-1-10所示。

表 C3-1-10　温度数据分析

步骤	步骤分解	关键技术
1	创建包含10个整型数据的列表	创建一个空列表，使用循环结构，将10个模拟温度数据添加到列表中。 创建模拟数据列表流程图如下所示： 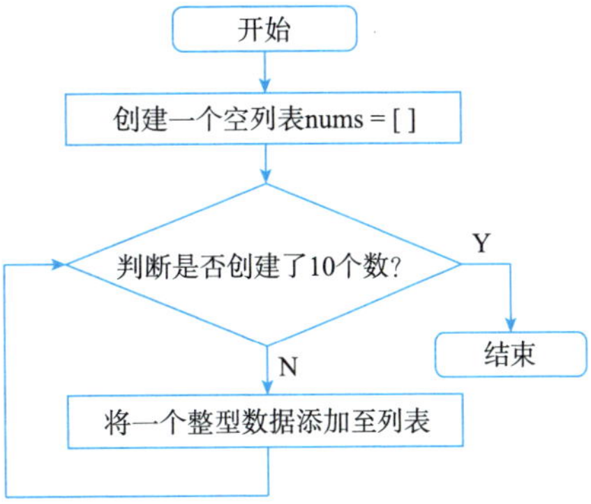 开始 → 创建一个空列表nums = [ ] → 判断是否创建了10个数？ Y → 结束；N → 将一个整型数据添加至列表 → 返回判断
2	返回最大值和最小值	使用max(listname)返回列表元素最大值； 使用min(listname)返回列表元素最小值
3	返回平均值	使用sum(listname)返回所有列表元素和； 使用len(listname)返回列表元素个数； 计算平均值：平均值＝总数//数值个数=sum(listname)// len(listname)
4	计算这个月中每一天各自需要几天后才会升温，并将结果通过列表返回	假设给定一个列表：[30,25,35,32]，其返回结果：[2,1,0,0]。 （1）[30,25,35,32] 表示该列表记录了4日的温度，第1日为30℃，第2日为25℃，第3日为35℃，第4日为32℃。 （2）[2,1,0,0] 表示该列表每一天各自需要几天后才会升温。第1日需要等2天后温度升高到35℃；第2日需要等1天后温度升高到35℃；第3、4日后温度都不会升高，所以都是0

3 操作过程

温度统计操作过程见表C3-1-11所示。

表 C3-1-11　操作过程表

步骤	步骤解析	关键代码

1	创建天气数据列表，输入温度数据存入列表	方法一：输入模拟数据存入列表，模拟创建11月份每日温度。
		`temp_list=[]`
		`for i in range(30):`
		`    temp_list.append(eval(input("请输入温度：")))`
		`    print(temp_list)`

		方法二：使用列表推导式创建30个气温数据。
		`temp_list = [eval(input("请输入温度：")) for i in range(30)]`
		`print(temp_list)`

续表

<table>
<tr><th>步骤</th><th>步骤解析</th><th>关键代码</th></tr>
<tr><td>2</td><td>求出11月份的最高气温、最低气温、平均气温</td><td># 使用max()、min()、sum()和len()函数统计出该月的最高气温、最低气温、平均气温
temp_max=max(temp_list)
temp_min=min(temp_list)
temp_ave=sum(temp_list)// len(temp_list)
print("最 高 温 度:%d ℃ ,最 低 温 度:%d ℃ ,平 均 气 温:%d ℃ "%
  (temp_max,temp_min,temp_ave))
注意:/为带小数除法,//为整除</td></tr>
<tr><td>3</td><td>统计出高于平均气温的天数</td><td># 遍历列表中的数据,统计出高于平均气温的天数
count=0
for i in temp_list:
    if i>=temp_ave:
        count+=1
print("高于平均气温的天数:%d天"%count)</td></tr>
<tr><td rowspan="2">4</td><td rowspan="2">计算每一天需要等几天才会有更高的温度，并将结果通过列表返回。可有以下两种方法实现:
方法一：暴力破解思路。第一层遍历设置当前温度的位置i，第二层遍历设置当前温度之后的位置j；每次遍历时寻找出温度升高的下一天，然后通过下标计算得出相差的天数j-i，并跳出第二层循环。
方法二：借助“栈”来实现。用列表res表示返回的结果，设置默认值为0。用列表stack表示栈，其用于存储当前温度的下标i。第一层for遍历temp-list，每次遍历都需把当前温度的下标i添加到stack；第二层用while循环stack，如果非空并且当前温度大于栈顶元素对应的温度，那么执行出栈，直到栈顶元素对应的温度大于当前温度。每次stack执行出栈时，可以计算得出当前温度升高所需的天数</td><td>方法一：暴力破解思路。
res=[]
for i in range(len(temp_list)):
    count=0
    for j in range(i+1,len(temp_list)):
        if temp_list[j]>temp_list[i]:
            count+=j-i
            res.append(count)
            break
    else: # for...else 只有在 for 中全部遍历完
    # 且for中没有因 break 提前跳出循环时才执行else
        res.append(0)
print(res)</td></tr>
<tr><td>方法二：借助"栈"来实现。
res=[0]*len(temp_list)
stack=[]
for i,cur in enumerate(temp_list):
    while stack and cur>temp_list[stack[-1]]:
        index=stack.pop()
        res[index]=i-index
    stack.append(i)
print(res)</td></tr>
</table>

问题情境

问题　在实际工作中，append()、extend()都可以实现列表插入的功能，它们之间的区别是什么？

提示：append()：添加列表或者元组等迭代类型时，将要添加的内容作为一个整体，“打包”添加，示例代码如下。

```
# 在列表末尾添加列表或元组等迭代类型
lst_sort=['通信卫星','气象卫星','军事卫星']
lst_add=['资源卫星','导航卫星']
lst_sort.append(lst_add)
print(lst_sort)
```

运行结果如下。

```
['通信卫星','气象卫星','军事卫星',['资源卫星','导航卫星']]
```

extend()：添加列表或者元组等迭代类型时，将包含的元素逐个添加到列表中，示例代码如下。

```
# 在列表末尾添加列表或元组等迭代类型
lst_sort=['通信卫星','气象卫星','军事卫星']
lst_add=['资源卫星','导航卫星']
lst_sort.extend(lst_add)
print(lst_sort)
```

运行结果如下。

```
['通信卫星','气象卫星','军事卫星','资源卫星','导航卫星']
```

五　学习结果评价

在表C3-1-12中填写本节学习结果评价。

表C3-1-12　学习结果评价表

技能目标达成评价			
序号	评价内容	评价标准	评价结果（是/否）
1	完成列表的基本操作	能根据列表的要求，创建列表	
		能完成访问、修改、遍历列表等基本操作	
2	使用列表属性和方法	能使用列表的基本属性和方法，完成添加、删除列表元素等操作	
		能使用列表常用方法完成列表排序、逆置等操作	
3	完成元组的基本操作	能根据元组的要求，创建元组，完成遍历、访问等基本操作，了解元组不可变长特性	

德育目标达成评价		
序号	评价内容	达成结果
1	激励爱国主义情怀，提升思想境界	○感受　○提升　○践行
2	培养“程序设计有依据、编程过程按流程，编译调试留记录”的严谨且务实的工作态度	○感受　○提升　○践行

课后作业

一、填空题

1．任意长度的Python列表、元组和字符串中最后一个元素的下标为________。

2．转义字符“\n”的含义是__________________。

3．Python语句list(range(1,10,3))执行结果为__________________。

4．切片操作list(range(6))[::2]执行结果为________________。

5．表达式 'ab' in 'acbed' 的值为________。

6．表达式int(4**0.5)的值为____________。

7．已知列表对象x=['11','2','3']，则表达式max(x)的值为___________。

8．表达式min(['11','2','3'])的值为________________。

9．已知列表对象x=['11','2','3']，则表达式max(x，key=len)的值为___________。

10．表达式3**2的值为_________，表达式3*2的值为___________。

二、编程题

1．编写程序，在D盘根目录下创建一个文本文件test.txt，并向其中写入字符串hello world。

2．编写程序，生成一个包含20个随机整数的列表，然后对其中偶数下标的元素进行降序排列，奇数下标的元素不变（提示：使用切片）。

3．编写程序，生成一个包含20个随机数的列表，然后将前10个元素升序排列，后10个元素降序排列，并输出结果。

4．由用户输入一个数值型列表，然后将每个元素逐一打印。

5．生成一个包含50个两位随机整数的列表，然后删除其中的所有奇数（提示：从后向前删除）。

职业能力C3-2 能使用字典和集合类型编写Python程序

一 核心概念

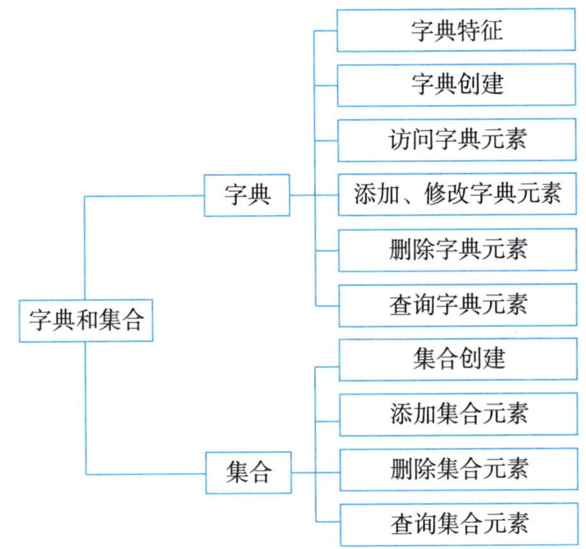

二 学习目标

1．掌握字典的创建和访问元素的方式。

2．掌握字典的基本操作。

3．掌握集合的创建和常见操作。

4．根据项目的不同性质，选用合适的数据类型，提高程序的可读性和运行效率。

5．培养“程序设计有依据，编程过程按流程，编译调试留记录”的严谨且务实的工作态度。

三 基本知识

1 映射类型

假如需要创建一个可以存储字符串和数字类型的数据，应该怎么做呢？可以尝试使用之前学习过的列表来实现，输入代码如下。

```
lst_planet=["水星","金星","地球","火星","木星","土星","天王星","海王星"]
lst_area=[0.748,4.6,5.11,1.4,614.19,457.15,81.16,76.93]
```

实现这两个列表的元素之间是一一对应的映射关系，代码如下。

```
print(lst_area[lst_planet.index('金星')])
```

如果单纯使用两个列表来保存这组数据，则无法记录两组数据之间的关联关系。所以最好能直接返回索引位置上的值，代码如下。

```
print(lst_area['金星'])
```

2 字典

(1) 字典概念

字典（dict）是一种无序的、可变的序列。字典类型是Python中唯一的映射类型。通过名字来引用值的数据结构，并且把这种数据结构称为映射（mapping）。简单理解，字典指的是元素之间相互对应的关系，即通过一个元素可以唯一找到另一个元素。

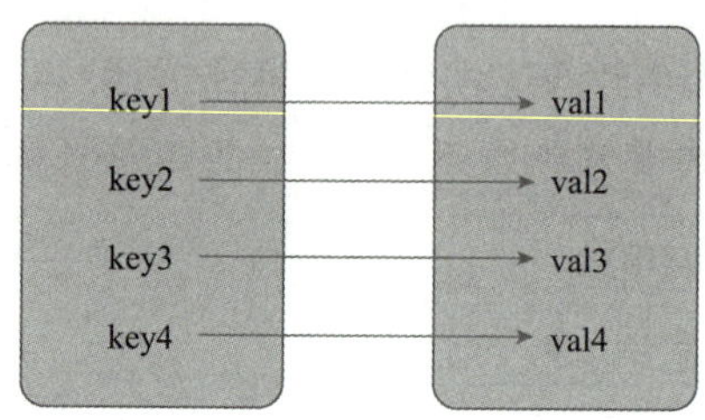

图C3-2-1 键值对映射关系

字典中，习惯将各元素对应的索引称为键（key），各个键对应的元素称为值（value），键及其关联的值称为键值对（key-value）。键值对映射关系如图C3-2-1所示。

(2) 字典特征

字典的主要特征如表C3-2-1所示。

表C3-2-1 字典特征表

主要特征	解释
通过键读取元素，而不是通过索引来读取元素	字典类型有时也称为关联数组。它是通过键将一系列的值联系起来的，这样就可以通过键从字典中获取指定项，但不能通过索引来获取
字典是任意数据类型的无序集合	列表、元组通常会将索引值 0 对应的元素称为第一个元素，而字典中的元素是无序的
字典是可变的，并且可以任意嵌套	字典可以在原处增长或者缩短（无须生成一个副本），并且它支持任意深度的嵌套，即字典存储的值也可以是列表或其他的字典
字典中的键必须唯一	字典中，不支持同一个键出现多次，否则只会保留最后一个键值对
字典中的键必须不可变	字典中每个键值对的键是不可变的，只能使用数字、字符串或者元组，不能使用列表

(3) 字典的创建方式

字典的创建方式如表C3-2-2所示。

表 C3-2-2　字典的创建方式

方法	语法说明	用法示例

花括号{}	定义字典时，每个元素都包含两部分，分别是键（key）和值（value）。在创建字典时，键和值之间使用冒号分隔，相邻元素之间使用逗号分隔，所有元素放在花括号中。
	语法格式：
	dictname={'key1':'value1','key2':'value2',...,'keyn':valuen}
	• dictname：表示字典变量名。
	• keyn：valuen：表示各个元素的键值对
		# 使用{}创建字典，创建控制点
		dict_Null={}
		dict_Earth_info={
		'Name':'地球',
		'EnglishName':'Earth',
		'dis':1.00}
		print(dict_Earth_info)
		运行结果如下。
		{'Name':'地球','EnglishName':'Earth','dis':1.0}

	key value key value key value
	tinydict={'name':'rumoob','likes':123,'site':'www.runoob.com'}
	Item1 ... Item3
	注意：
	• 键必须是不可变的，只能用字符串，数字或元组，值可取任何数据类型。
	• 键是唯一的，如果重复最后的一个键值对会替换前面的，值则不需要唯一
		# 键是唯一的，如果重复最后的一个键值对会替换前面的，值不需要唯一
		dict_rocket={
		'长征三号乙运载火箭':
		'中星2D',
		'长征六号运载火箭':'天启星座09',
		'长征三号乙运载火箭':'天链二号01'}
		print(dict_rocket)

内置映射函数dict()	语法格式：
	d=dict(str1=value1,str2=value2,str3=value3)
	• str：表示字符串类型的键。
	• value：表示键对应的值。
	注意：
	使用此方式创建字典时，字符串类型的键不能带引号。
	如果不为dict()函数传入任何参数，则代表创建一个空的字典
		# 字符串类型的键不能带引号
		dict_Earth_info=
		dict(Name='地球',
		EnglishName='Earth')
		print(dict_Earth_info)
		# 创建空字典
		dict_Null=dict()

fromkeys()方法	使用dict字典类型提供的fromkeys()方法创建带有默认值的字典。语法格式： dictname=dict.fromkeys(list,value=None) • list：参数表示字典中所有键的列表（list）。 • value：参数表示默认值，如果不写，则为空值None。 注意： 这种创建方式通常用于初始化字典，设置value的默认值	lst_planet=['齐鲁一号','佛山一号','天启星座09'] dict_rocket6=(dict.fromkeys(lst_planet,'长征六号运载火箭')) print(dict_rocket6) 运行结果如下。 {'齐鲁一号':'长征六号运载火箭','佛山一号':'长征六号运载火箭','天启星座09':'长征六号运载火箭'}

（4）访问字典元素

访问字典元素的方法如表C3-2-3所示。

表C3-2-3　访问字典元素的方法

方法	语法说明	用法示例

“键”访问	字典中的键是唯一的，可以通过键获取对应的值。
	如果字典中不存在访问的键，会引发KeyError异常
		# 致敬中国航天英雄
		dict_astronaut={
		'神舟五号':['杨利伟'],
		'神舟六号':['聂海胜','费俊龙'],
		'神舟七号':['翟志刚','刘伯明','景海鹏'],
		'神舟九号':['刘洋','景海鹏','刘旺'],
		'神舟十号':['聂海胜','张晓光','王亚平'],
		'神舟十一号':['陈冬','景海鹏'],
		'神舟十二号':['聂海胜','刘伯明','汤洪波'],
		'神舟十三号':['翟志刚','王亚平','叶光富'],
		'神舟十四号':['陈冬','刘洋','蔡旭哲']}
		# 查找'神舟五号'的宇航员
		print(dict_astronaut['神舟五号'])
		# 字典中查找不存在的'神舟三号'的宇航员，神舟三号无宇航员。
		print(dict_astronaut['神舟三号'])
		运行结果如下。
		['杨利伟']
		Traceback (most recent call last):
		File "D:/E1-1/字典集合.py",line 16,in<module>
		print(dict_astronaut['神舟三号'])
		KeyError:'神舟三号'

get()方法	为了避免引起上述异常，Python更推荐使用dict类型提供的get()方法来获取指定键对应的值。当指定的键不存在时，get()方法不会抛出异常。语法格式：
	dictname.get (key[,default])
	• key：表示指定的键。
	• default：用于指定要查询的键不存在时，此方法返回的默认值；如果不手动指定，会返回None
		# 使用get()方法，'神舟三号'不存在，无参数2，返回None
		print(dict_astronaut.get('神舟三号'))
		# '神舟三号'不存在，返回参数2的内容
		print(dict_astronaut.get('神舟三号'),'该键不存在')
		运行结果如下。
		None
		None 该键不存在

items() keys() values() 获取对象	items()、keys()、values()分别用于获取字典中的所有键值对、所有键、所有值。这三个方法依次返回dict_items、dict_keys和dict_values对象。 • keys()方法：返回字典中的所有键。 • values()方法：返回字典中所有键对应的值；	dict_astronaut={ '神舟五号':['杨利伟'], '神舟六号':['聂海胜','费俊龙']} print(dict_astronaut.keys()) print(dict_astronaut.values()) print(dict_astronaut.items()) 运行结果如下。 dict_keys(['神舟五号','神舟六号']) dict_values([['杨利伟'],['聂海胜','费俊龙']]) dict_items([('神舟五号',['杨利伟']),('神舟六号',['聂海胜','费俊龙'])])

续表

<table>
<tr><th>方法</th><th>语法说明</th><th>用法示例</th></tr>
<tr><td>items()
keys()
values()
获取对象</td><td>• items()方法：返回字典中所有的键值对。
注意：
keys()、values()和 items()返回值的类型分别为 dict_keys、dict_values 和 dict_items。应用时需要转换成列表等合适类型。
方法一：使用 list()函数；
方法二：使用 for in 循环遍历它们的返回值</td><td><pre># 使用 list()函数转换
print(list(dict_astronaut.keys()))
# 使用 for in 循环遍历它们的返回值
for k in dict_astronaut.keys():
    print(k,end=' ')
print()
for v in dict_astronaut.values():
    print(v,end=' ')
print()
for k,v in dict_rocket.items():
    print('key:',k,'value:',v)</pre></td></tr>
</table>

（5）修改字典元素

字典中键的名字不能被修改。修改字典需要通过已存在的键获取元素，再重新对元素赋值。修改的操作方法如表C3-2-4所示。

表C3-2-4　修改字典元素的方法

<table>
<tr><th>方法</th><th>语法说明</th><th>用法示例</th></tr>
<tr><td>通过指定键更新</td><td>通过查找已存在的键重新对元素赋值。
语法格式：
<code>dictname[key]=value</code>
• key：参数表示字典中的键。
• value：参数表示新的值</td><td><pre>dict_rocket={
    '长征三号乙运载火箭':
    '中星2D',
    '长征六号运载火箭':
    '天启星座09'}
通过键修改元素值
dict_rocket['长征三号乙运载火箭']= '天链二号01'
print(dict_rocket)</pre>运行结果如下。<pre>{'长征三号乙运载火箭':'天链二号01','长征六号运载火箭':'天启星座09'}</pre></td></tr>
<tr><td>update()
方法</td><td>update()方法可使用一个字典所包含的键值对来更新已有的字典。在执行 update()方法时，如果被更新的字典中已包含对应的键值对，那么原 value 会被覆盖。语法格式：
<code>dictname.update(key=value)</code>
• key：参数表示字典中的键，键如果是字符串，不能带引号。
• value：参数表示新的值</td><td><pre># 键如果是字符串，不能带引号
dict_rocket.update(长征六号运载火箭='齐鲁一号')
print(dict_rocket)</pre>运行结果如下。<pre>{'长征三号乙运载火箭':'天链二号01','长征六号运载火箭':'齐鲁一号'}</pre></td></tr>
</table>

（6）添加字典元素

添加字典元素的方法如表C3-2-5所示。

表C3-2-5 添加字典元素的方法

方法	语法说明	用法示例
通过指定键添加	通过指定键添加元素，为字典添加新的键值直接给不存在的键赋值。语法格式： dictname[key]=value • key：参数表示字典中的键。 • value：参数表示新的值	dict_rocket={ '长征三号乙运载火箭':'中星2D', '长征六号运载火箭':'天启星座09'} dict_rocket['长征八号运载火箭']='创星雷神号卫星' print(dict_rocket) 运行结果如下。 {'长征三号乙运载火箭':'中星2D','长征六号运载火箭':'天启星座09','长征八号运载火箭':'创星雷神号卫星'}
通过update()方法添加	添加单/多个元素。语法格式： dictname.update(key=value) • key：参数表示字典中的键，键如果是字符串，不能带引号。 • value：参数表示新的值	# 键如果是字符串，不能带引号 dict_rocket.update(长征四号乙运载火箭= '天绘二号01') print(dict_rocket) 运行结果如下。 {'长征三号乙运载火箭':'中星2D','长征六号运载火箭':'天启星座09','长征八号运载火箭':'创星雷神号卫星','长征四号乙运载火箭':'天绘二号01'}
	添加一个新字典。语法格式： dictname.update(new_dict) • new_dict：添加到指定字典dictname里的新字典	dict_rocket={'长征三号乙运载火箭':'中星2D', '长征六号运载火箭':'天启星座09'} # 需要添加的字典内容 dict-rocket_add={ '长征四号丙运载火箭':'高分十二号02'} dict_rocket.update(dict_rocket_add) print(dict_rocket) 运行结果如下。 {'长征三号乙运载火箭':'中星2D','长征六号运载火箭':'天启星座09','长征四号丙运载火箭':'高分十二号02'}

（7）删除字典元素

删除字典元素的方法如表C3-2-6所示。

表C3-2-6 删除字典元素的方法

方法	语法说明	用法示例

pop()方法	删除字典给定键所对应的值，返回值为被删除的值。语法格式：
	dictname.pop (key[,default])
	• key：表示字典给定的键值。
	• 返回值：返回的是被删键值对的元组形式。
	注意：
	key值必须给出，否则返回default值
		dict_rocket={'长征三号乙运载火箭':'中星2D',
		'长征六号运载火箭':'天启星座09'}
		# 删除'长征六号运载火箭'对应值
		# 返回值为被删除的'天启星座09'
		print(dict_rocket.pop('长征六号运载火箭'))
		print(dict_rocket)
		运行结果如下。
		天启星座09
		{'长征三号乙运载火箭':'中星2D'}
		dict_rocket={'长征三号乙运载火箭':'中星2D',
		'长征六号运载火箭':'天启星座09'}

续表

方法	语法说明	用法示例

clear()
方法
	清空字典中所有的键值对，对一个字典执行clear()方法之后，该字典就会变成一个空字典。
	语法格式：
	`dictname.clear()`
		`dict_rocket={'长征三号乙运载火箭':'中星2D',`
		`'长征六号运载火箭':'天启星座09'}`
		`# 清空字典中所有键值对`
		`dict_rocket.clear()`
		`print(dict_rocket)`
		运行结果如下。
		`{}`

（8）查询字典元素

Python的成员运算符in和not in，可以用于查询某个元素是否存在于字典中。对于 dict 而言，in 或 not in 运算符都是基于 key 来判断的，如表C3-2-7所示。

表C3-2-7 成员运算符in和not in使用方法

方法	语法说明	用法示例

in	判断key是否存在于字典，存在返回True，不存在则返回False	`dict_rocket={'长征三号乙运载火箭':'中星2D',`
		`'长征六号运载火箭':'天启星座09'}`
		`print('长征三号乙运载火箭' in dict_rocket)`
		`print('长征四号丙运载火箭' not in dict_rocket)`
		运行结果如下。
		`True`
		`True`

3 集合

集合的本质：集合（set）是一个无序的不重复元素序列。

集合的格式：可以使用花括号 { } 或者 set() 函数创建集合。

（1）集合的创建

创建集合的方法如表C3-2-8所示。

表C3-2-8 创建集合的方法

创建集合的方法		案例

{ }	语法格式：
	`Parame={value1, value2,…}`
	注意：
	• 集合没有重复元素。
	• 集合是无序序列
		`set_planet={'齐鲁一号','佛山一号','天启星座09',`
		`'中星2D','天链二号01','天通一号03'}`
		`print(set_planet)`
		运行结果如下。
		`{'中星2D','佛山一号','天链二号01','天通一号03','天启星座09','齐鲁一号'}`

续表

创建集合的方法		案例
set() 函数	语法格式： set(value)	set_temp='第四十四颗北斗导航卫星' print(set(set_temp)) # 集合的重要特性：无序和去重 运行结果如下。 {'航','星','第','卫','颗','斗','北','十','导','四'}

（2）添加集合元素

添加集合元素方法如表C3-2-9所示。

表C3-2-9 添加集合元素的方法

方法	语法说明	用法示例
add() 方法	语法格式： setname.add(value) • setname：表示集合名。 • value：添加到集合setname中的元素，如元素已存在，则不做操作	set_planet={'齐鲁一号','佛山一号','天启星座09','中星2D'} set_planet.add('天链二号01') print(set_planet) 运行结果如下。 {'齐鲁一号','天链二号01','佛山一号','中星2D','天启星座09'}
update() 方法	语法格式： setname.update(obj) • obj：添加到集合setname中的内容，参数是列表、元组、字典等	set_planet={'齐鲁一号','佛山一号','天启星座09','中星2D'} set_planet.update({'天链二号01','天通一号03'}) print(set_planet) set_planet.update([1,2],[3,4]) print(set_planet) 运行结果如下。 {'佛山一号','天链二号01','齐鲁一号','天启星座09','中星2D','天通一号03'} {1,2,3,4,'天链二号01','齐鲁一号','天启星座09','佛山一号','中星2D','天通一号03'}

（3）删除集合元素

删除集合元素的方法如表C3-2-10所示。

表C3-2-10 删除集合元素的方法

方法	语法说明	用法示例

remove()
方法
	语法格式：
	setname.remove(value)
	• setname：表示集合名。
		set_planet={'齐鲁一号','佛山一号','天启星座09','中星2D'}
		set_planet.remove('天启星座09')
		print(set_planet)
		# 如果元素不存在，则会发生错误
		set_planet.remove('天通一号03')
		print(set_planet)

续表

方法	语法说明	用法示例

remove()
方法
	• value：需要删除的元素，如果元素不存在，则会发生错误	运行结果如下。
		{'齐鲁一号','中星2D','佛山一号'}
		Traceback (most recent call last):
		  File "D:/E1-1/字典集合.py",line 161,
		    in<module>
		set_planet.remove('天通一号03')
		KeyError:'天通一号03'

pop()
方法
	使用pop()方法，随机删除集合中的一个元素。语法格式：
	setname.pop()
	注意：
	pop 方法会先对集合进行无序的排列，然后将这个无序排列集合的左面第一个元素删除
		set_planet={'齐鲁一号','佛山一号','天启星座09',
		  '中星2D'}
		set_planet.pop()
		# 先进行无序排列，再删除左面第一个元素
		print(set_planet)
		运行结果如下。
		{'天启星座09','齐鲁一号','中星2D'}

（4）判断元素是否在集合中存在

Python的成员运算符in和not in可以用于查询某个元素是否存在于集合中，如表C3-2-11所示。

表C3-2-11 成员运算符in和not in使用方法

方法	语法说明	用法示例
in	判断某个元素是否存在于集合中，存在返回True，不存在则返回False	set_planet={'齐鲁一号','佛山一号', '天启星座09','中星2D'} print('天启星座09' in set_planet)
not in	判断某个元素是否不存在于集合中，不存在返回True，存在则返回False	print('天通一号03' not in set_planet) 运行结果如下。 True True

四 能力训练

任务C3-2-1 统计温度数据

1 任务背景

经过几十年的发展，中国已成功发射十多颗风云气象卫星，其中包括多颗静止气象卫星和极轨气象卫星。可对全球和区域范围内的极端天气、气候和环境事件进行及时、高效观测。我们经常会在网页或手机APP上查询得到一周的天气预报。那么本任务需要使用字典类型来统计各大城市的天气情况。

尝试打开网页的“F12开发人员工具”，便可以看到网页的后台数据，查看到天气的数据格式如图C3-2-2所示。

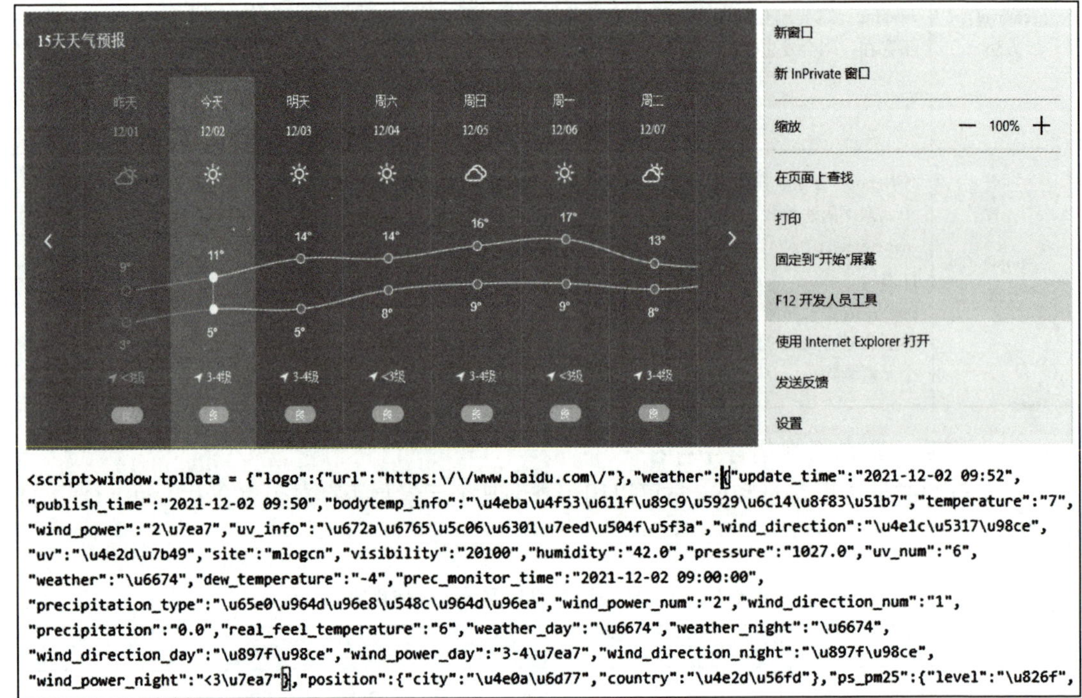

图C3-2-2　网页后台天气数据

从后台数据可见，每个城市的天气预报数据都被放入了“字典”数据中。可参考此结构，模拟江苏省南京、无锡等城市一天的天气预报。数据举例如下。

```
weather_dict={"city":"江苏","publish_time":"2021-12-0209:50","week":"星期四","weather":[{"area":"南京","type":"晴","high":"12℃","low":"1℃","AQI":52.0,"fx":"西 风","fl":"3-4级"},{"area":"无 锡","type":"晴","high":"10℃","low":"1℃","AQI":64.0,"fx":"西南风","fl":"2级"}]}
```

2　任务描述

（1）打印抬头

欢迎查看江苏省 2021-12-02（星期四）的天气情况：

（2）输入需要查询的城市，输出该城市的天气情况；如果查询不到该城市的天气情况，输出查不到该城市。

```
请输入城市名：无锡
城市：无锡
天气：晴
最高温度：10℃
最低温度：1℃
风向：西南风
风力：2级
空气质量：64.0
```

3 任务分析

本任务分析如表C3-2-12所示。

表C3-2-12　任务分析表

步骤分析	关键代码
数据分析； 采用剥洋葱法，解决数据嵌套问题； 分析weather_dict数据。	weather_dict={"city":"江苏","publish_time":"2021-12-02 09:50","week":"星期四","weather":[{"area":"南京","type":"晴","high":"12℃","low":"1℃","AQI":52.0,"fx":"西风","fl":"3-4级"},{"area":"无锡","type":"晴","high":"10℃","low":"1℃","AQI":64.0,"fx":"西南风","fl":"2级"}]}

外层：weather_dict变量。
类型：字典。
思考："weather"键对应的值是什么类型
	# 查看weather_dict变量类型
	print(type(weather_dict))
	# 查看weather_dict字典中所有键值
	print(weather_dict.keys())
	运行结果如下。
	<class 'dict'>
	dict_keys(['city','publish_time','week', 'weather'])

中层："weather"的键值对。
思考：为什么要使用列表？列表元素是什么类型
	# 查看'weather'键所对应的值的类型
	print(type(weather_dict['weather']))
	运行结果如下。
	<class 'list'>

内层：列表的每个元素就是每个城市的天气数据	# 查看'weather'键所对应的值中对应的第0个元素的值
	print(weather_dict['weather'][0])
	运行结果如下。
	{'area':'南 京','type':'晴','high':'12 ℃ ','low':'1 ℃ ','AQI':52.0,'fx':'西风','fl':'3-4级'}

4 操作过程

```
print("欢迎进入天气预报系统")
print("欢迎查看%s省%s(%s)的天气情况："%(weather_dict["city"],
weather_dict["publish_time"].split(" ")[0],weather_dict["week"]))
flag=False
city=input("请输入城市名：")
# 遍历"weather"键对应的值和索引
```

```
for index,info in enumerate(weather_dict["weather"]):
    if info["area"]==city:   # 比较每个城市数据的"area"键对应的值
        flag=True
        break
if flag:
   print("城市:%s\n天气:%s\n最高温度:%s\n最低温度:%s\n风向:%s\n风力:%s\n
   空气质量:%s"%(weather_dict["weather"][index]["area"],
                  weather_dict ["weather"][index]["type"],
                  weather_dict["weather"][index]["high"],
                  weather_dict["weather"][index]["low"],
                  weather_dict["weather"][index]["fx"],
                  weather_dict["weather"][index]["fl"],
                  weather_dict["weather"][index]["AQI"]))
else:
    print("查不到该城市!")
```

问题情境

问题　如何在一串字符串中获取日期呢？例如，需要截取字符串"publish_time"："2021-12-02 09:50"。

提示：可以使用split()方法截取字符串，获取当前日期，示例代码如下。

```
print("欢迎查看%s省%s(%s)的天气情况:"
      %(weather_dict["city"],weather_dict["publish_time"].split(" ")[0],
        weather_dict["week"]))
```

五　学习结果评价

在表C3-2-13中填写本节学习结果评价。

表C3-2-13　学习结果评价表

技能目标达成评价			
序号	评价内容	评价标准	评价结果（是/否）
1	完成字典结构设计	能根据字典的要求，创建字典，了解键值含义	
		能够完成访问、修改、遍历字典等基本操作	
2	使用字典的属性方法	能使用字典的基本属性和方法，完成添加、删除字典元素等操作	
		能使用字典常用方法完成列表排序等操作	
3	完成集合的基本操作	根据集合的要求，创建集合，完成遍历，访问等基本操作	

续表

德育目标达成评价		
序号	评价内容	达成结果
1	激励爱国主义情怀，提升思想境界	○感受 ○提升 ○践行
2	培养严谨务实的航天精神，将航天精神应用于项目中	○感受 ○提升 ○践行

课后作业

一、填空题

1. 字典中多个元素间使用________分隔开，每个元素的键与值之间使用________分隔开。

2. 字典对象的________方法可以获取指定键对应的值，并且可以在指定键不存在的时候返回指定值，如果不指定则返回None。

3. 字典对象的________方法返回字典中的“键值对”列表。

4. 字典对象的________方法返回字典的“键”列表。

5. 表达式dict(zip([1,2],[3,4]))的值为________________。

二、选择题

1. 字典d={'Name':'Kate','No':'1001','Agev:'20'}，表达式len(d)的值为(　　)。

A. 12　　B. 9　　C. 6　　D. 3

2. 以下选项中，不是建立字典的方式是(　　)。

A. d={[1,2]:1, [3,4]:3}

B. d={(1,2):1, :3,4):3}

C. d={'张三':1, '李四':2}

D. d={1:[1,2], 3:[3,4]］}

3. 给出如下代码：

```
DictColor={"seashell":"海贝色","gold":"金色","pink":"粉红色","brown":
"棕色","purple":"紫色","tomato":"西红柿色"}
```

以下选项中能输出“海贝色”的是(　　)。

A. print(DictColor.keys())

B. print(DictColor["海贝色"])

C. print(DictColor.values())

D. print(DictColor["seashell"])

4. 以下程序的输出结果是（ ）。

```
dict={'Name':'baby','Age':7}
print(dict.items())
```

A. dict_items ([('Age', 7), ('Name', 'baby')])

B. ('Age', 7), ('Name', 'baby')

C. 'Age':7, 'Name': 'baby'

D. [('Age', 7), ('Name', 'baby')]

5. 假设将单词保存在变量 word 中，使用一个字典类型 counts={}，统计单词出现的次数可采用以下代码（ ）。

A. counts[word]=count [word]+1

B. counts[word]=1

C. counts[word]=count.get (word, 1)+1

D. counts[word]=count.get (word, 0)+1

三、编程题

1. 编写程序完成下面题目：

```
dic={'k1':'v1','k2':['sb','aa'],(1,2,3,4,5):{'k3':['2',100,'wer']}}
```

（1）k2对应的值中添加33。

（2）k2对应的值的第一个位置插入一个元素 's'。

（3）为（1,2,3,4,5）对应的值添加一个键值对 'k4' : 'v4'。

（4）为（1,2,3,4）对应的值添加一个键值对(1,2,3): 'ok'。

（5）将 'k3' 对应的值的 'wer' 改为 'qq'。

2. 购买商品有商品列表 lst=["手机","电脑","鼠标垫","游艇"]。

（1）在控制台上显示所有的商品，格式为“序号 商品名称”。例如“1手机”。

（2）如果输入Q则结束购买任务。

（3）输入对应的序号显示对应的商品，例如输入“1”显示“手机”。

（4）如果输入的不是数字，提示用户输入有误。

（5）如果数字范围不在序号范围内，也提示用户输入有误。

3. 写程序，完成超市买水果程序，要求如下。

（1）输入自己所有的钱。

（2）展示商品的序号、名称及其价格。

（3）输入要买商品的序号。

（4）输入要买商品的数量。

（5）购物车中显示购买的水果名称及其对应的数量和剩余钱。

（6）如果序号输入有误就提示用户重新输入。

（7）如果钱不够则提示用户钱不够，并且退出程序。

模块 D

代码复用和文件处理

模块描述

本模块要掌握Python常用内置函数的使用，自定义函数和自定义模块的应用方法；掌握计算机中文件的定义、基本操作、管理方式等持久存储计算机数据的相关知识。掌握这些技术能够提升程序的复用性，提高程序的编写和维护效率，使Python编程事半功倍。

学习目标

- 掌握函数的定义与调用。
- 熟悉常用的Python内置函数并掌握其用法。
- 掌握Python自定义模块的构建与导入。
- 掌握文件的基本操作，如打开/关闭文件，文件读/写操作等。
- 掌握管理目录的方法及常见基本操作。
- 掌握程序中传递异常的方法。

素质目标

- 锻炼在定义函数时化繁为简、遵循标准规范的工作作风。
- 培养逻辑思维能力，提升工作效率。
- 没有绝对可靠的程序设计，在程序调试过程中培养细致耐心的工作作风。

工作任务 D1 函数编程

职业能力D1-1
能使用自定义函数编写Python程序

核心概念

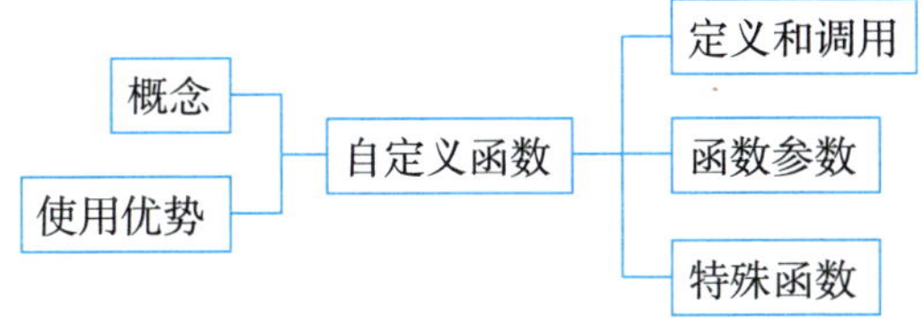

二 学习目标

1. 能理解函数的概念及使用优势。
2. 能掌握函数的定义与调用。
3. 能熟悉函数参数的传递。
4. 能了解递归函数和匿名函数的用法。
5. 培养学生做事要遵循标准规范、严谨细致。

基本知识

1 函数概述

随着程序功能的逐步增加，程序开发的难度和复杂度会越来越高。如果仍然按照前几个模块的编写代码方式开发程序，则代码的阅读、后期管理与维护会给开发人员带来较大的干扰。为了解决上述问题，也为了提高代码的复用性、更好地组织代码结构与逻辑，人们提出了函数这一概念。

在程序开发中，函数是组织好的、实现单一功能或相关联功能的代码段。实际上，在前面的学习中，我们已经接触了一些函数，比如input()函数、print()函数等。可以将函数看作是给一段代码起名字，这类代码能够在需要的时候以“函数名()”的形式被调用。

近年来，中国无人机的快速发展振奋人心，激励无数学子为中华崛起贡献个人的力量。下面需要为无人机编队排列飞行阵型，要求出现边长分别为3、4、5的正方形三个。参考代码如下。

```
# 打印边长为3的正方形无人机编队
for i in range(3):
    for j in range(3):
        print("*",end=" ")
    print()
# 打印边长为4的正方形无人机编队
for i in range(4):
    for j in range(4):
        print("*",end=" ")
    print()
# 打印边长为5的正方形无人机编队
for i in range(5):
    for j in range(5):
        print("*",end=" ")
    print()
```

如果还需要打印边长为6的正方形无人机编队，该如何解决这样的需求？复制一下打印无人机编队的代码，把range参数更改为6？显然这种方式会使代码的冗余度增加。如果采用函数形式，只需要更改函数中的参数并调用函数即可，参考代码如下。

```
# 定义打印无人机编队的函数
def print_square(length):
    for i in range(length):
        for j in range(length):
            print("*",end=" ")
        print()
# 调用函数，打印边长为3的正方形无人机编队
print_square(3)
# 调用函数，打印边长为4的正方形无人机编队
print_square(4)
# 调用函数，打印边长为5的正方形无人机编队
print_square(5)
```

对比上述代码，显然函数形式的代码更简洁。

2 函数的定义与调用

之前学习过的input()函数、print()函数都是Python的内置函数，这些函数由Python定义。当然，开发人员也可以根据自己的需求自定义函数，但在自定义函数时要遵循相应的语法规范。定义函数的语法规范如下。

```
def 函数名([参数列表]):
'''注释'''
    函数体
[return语句]
```

其中，def是用来定义函数的关键字。

定义函数时在语法上需要注意的问题主要有如下几点。

1）不需要说明形参类型，Python解释器会根据实参的值自动推断形参类型。

2）不需要指定函数返回值类型，这由函数中return语句返回的值来确定。

3）即使该函数不需要接收任何参数，也必须保留一对空的圆括号。

4）函数头部的括号后面的冒号必不可少。

5）函数体相对于def关键字必须保持4个空格的缩进。

例如，定义一个计算两个数相乘的函数，代码如下。

```
def multiply():
    res=2*3
    print(res)
```

上段代码中定义的multiply()函数是一个无参函数，只能计算2乘以3的积，具有很大的局限性。可以在定义函数时给两个参数，使该函数能够接收外界传入的数据，计算任意两个数字的乘积。代码如下。

```
def multiply_parameter(a,b):
    res=a*b
    print(res)
```

当函数定义好之后，并不会立即执行，直到函数被调用时才会被执行。调用函数的语法如下。

```
函数名([参数列表])
```

例如，调用multiply_parameter()函数的代码如下。

```
multiply_parameter(2,3)
```

实际上，程序在执行multiply_parameter(2,3)函数时，经历了以下4个步骤。

1）程序在调用函数的位置暂停执行。

2）将数据2、3传递给函数参数。

3）执行函数体中的语句。

4）程序回到暂停处继续执行。

函数内部也可以调用其他函数，这被称为函数的嵌套调用。例如，在multiply_parameter()函数内调用multiply()函数，代码如下。

```
def multiply():
    res=2*3
    print(res)
def multiply_parameter(a,b):
    res=a*b
    multiply()
```

```
    print(res)
```

在multiply_parameter()函数中，执行完a*b并将结果赋值给res变量之后，调用了无参的multiply()函数，执行完multiply()函数之后再接着执行multiply_parameter()函数。

3 函数参数

一般情况下，在定义函数时设置的参数称为形式参数（简称形参），在调用函数时传入的参数称为实际参数（简称实参）。函数的参数可以分为位置参数、默认值参数、关键字参数和可变长度参数。

（1）位置参数

位置参数是比较常用的形式，调用函数时实参和形参的顺序必须严格一致，并且实参和形参的数量必须相同，示例代码如下。

```
def add(a,b):  # 形参a和b都是位置参数
    print(a+b)
add(1,2)  # 实参与形参数量必须相同
add(1,2,3)  # 实参与形参数量不相同，会报错
```

（2）默认值参数

在定义函数时，开发者可以为形参设置默认值。在调用带有默认值参数的函数时，如果没有为带有默认值的形参进行传值，此时函数将会直接使用函数定义时所设置的默认值。如果对带有默认值的形参进行了传值，则默认值将会被替换。示例代码如下。

```
def add(a,b,c=5):  # 形参c的默认值为5
    print(a+b+c)
add(1,2)  # 没有给参数c赋值，则使用c的默认值参与运算
add(1,2,3)  # 给参数c传递了实参3，则不使用c的默认值参与运算
```

（3）关键字参数

当参数很多时，可能很难记住每个参数的作用，如果还按照位置参数处理是不可取的。此时可以使用关键字参数的方式传参。关键字参数的传递是通过“形参=实参”的格式将实参与形参相关联，将实参按照相应的关键字传递给形参。示例代码如下。

```
def add(a,b,c):
    print(a,b,c)
add(c=9,b=3,a=1)
```

（4）可变长度参数

可变长度参数在定义函数时主要有两种形式：*parameter和**parameter。前者用来接收任意多个位置实参并将其放在一个元组中，后者接收多个关键参数并将其放入字典中。

下面的代码演示了第一种形式可变长参数的用法，无论调用该函数时传递了多少实参，一律将其放入元组中。示例代码如下。

```
def show(*p):
    print(p)
show(1,2,3)  # (1,2,3)
```

下面的代码演示了第二种形式可变长度参数的用法，在调用该函数时自动将接收的多个关键字参数转换为字典中的元素。示例代码如下。

```
def show(**p):
    print(p)
show(a=1,b=2,c=3)   # {'a':1,'b':2,'c':3}
```

4 函数的返回值

函数中的return语句会在函数结束时将数据返回给程序，同时让程序回到函数被调用的位置继续执行。示例代码如下。

```
def add(a,b):
    return a+b   # 将a+b的结果进行返回
res=add(2,3)   # 调用add函数计算2+3的结果，并将结果赋值给res变量
print(res)
```

以上定义的函数只返回了一个值，如果函数使用return语句返回了多个值，那么这些值将被保存到元组中。示例代码如下。

```
def add(a,b,c):
    return a+b,a+c   # 使用return语句返回多个值
res=add(1,3,9)
print(res)   # (4,10)
```

5 特殊形式的函数

除了前面按标准定义的函数外，Python还提供了两种具有特殊形式的函数：递归函数和匿名函数。

（1）递归函数

函数在定义时可以直接或间接地调用其他函数。若函数内部调用了自身，则这个函数被称为递归函数。递归函数通常用于解决结构相似的问题。它采用递归的方式，将一个复杂的大型问题转化为与原问题结构相似的、结构较小的若干子问题，之后对最小化的子问题求解，从而得到原问题的解。

递归函数在定义时需要满足两个基本条件：一个是递归公式，另一个是边界条件。其中，递归公式是求解原问题或相似的子问题的结构；边界条件是最小化的子问题，也是递归终止的条件。

递归函数的执行可以分为以下两个阶段：递推——递归本次的执行都基于上一次的运算结果；回溯——遇到终止条件时，则沿着递推往回一级一级地把值返回来。

例如，程序员可以使用递归实现阶乘。当计算n的阶乘时，假如已知n−1的阶乘，只需计算n×（n−1）！。计算n−1的阶乘和计算n的阶乘一样，假如已知n−2的阶乘，则只需计算（n−1）×（n−2）！。由此，求解n的阶乘的代码如下。

```
def fact(n):
    if n==1:   # 当n=1时，所得的结果为1
```

```
            return 1
        else:
            return n*fact(n-1)  # 当n>1时，所得的结果为n*(n-1)!
    print(fact(5))  # 调用fact函数，求5的阶乘
```

程序员也可以使用递归实现斐波那契数列。斐波那契数列（Fibonacci sequence），因数学家莱昂纳多·斐波那契（Leonardoda Fibonacci）以兔子繁殖为例而引入，故又称为“兔子数列”。它指的是这样一个数列：1,1,2,3,5,8,13,21,34,…在数学上，斐波那契数列以如下的递归方式定义：F（1）=1，F（2）=1，F（n）=F（n−1）+F（n−2）(n≥2，$n\in\mathbf{N}$)。求解斐波那契数列的代码如下。

```
# 定义fibonacci函数，返回斐波那契数列相应位置的数值
def fibonacci(n):
    if n==1 or n==2:  # 当n=1或者n=2时，斐波那契数列相应位置的数值为1
        return 1
    else:
        return fibonacci(n-1)+fibonacci(n-2)
print(fibonacci(6))  # 调用fibonacci函数
```

（2）匿名函数

有些时候不需要显式的定义函数，直接传入匿名函数即可。Python使用lambda来创建匿名函数，其语法格式如下：

```
lambda<形式参数列表>:<表达式>
```

综合以上语法格式可知，匿名函数与普通函数主要有以下区别。

1）普通函数在定义时有名称，而匿名函数没有名称。

2）普通函数的函数体中包含多条语句，而匿名函数的函数体只能是一个表达式。

3）普通函数可以实现比较复杂的功能，而匿名函数可实现的功能比较简单。

4）普通函数能被其他程序使用，而匿名函数不能被其他程序使用。

下面定义一个求和函数，分别用普通函数和匿名函数表示，代码如下。

```
# 定义普通函数
def add(a,b):
    return a+b
# 定义匿名函数
add_new=lambda a,b:a+b
```

四 能力训练

任务D1-1-1 二分法查找线路故障

1 任务描述

编写函数，实现二分法查找数据。

2 任务分析

二分法查找非常适合在大量元素中查找指定的元素，在序列已经排好序的前提下（假设按照从小到大排序），其实现原理流程图如图D1-1-1所示，任务分析表如表D1-1-1所示。

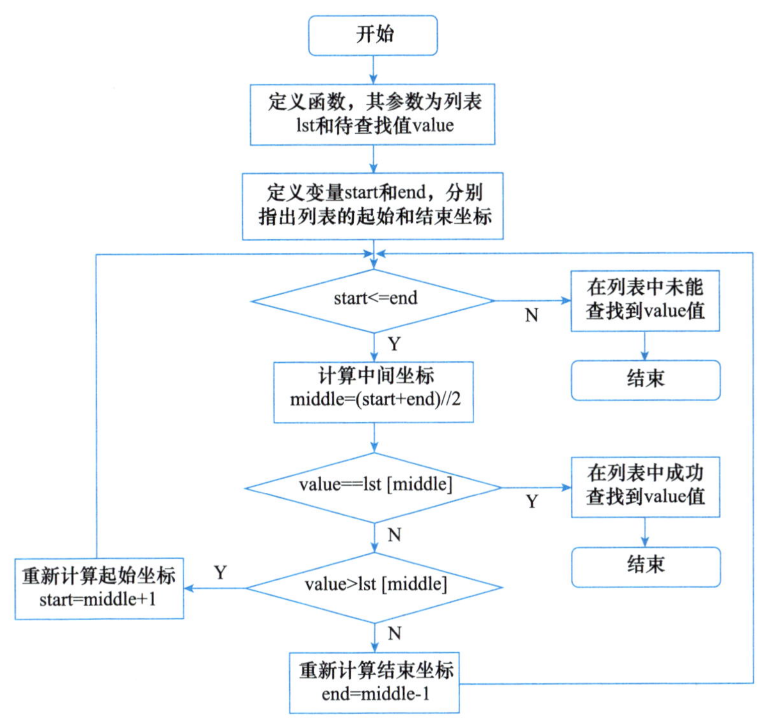

图D1-1-1　二分法查找程序流程图

表D1-1-1　任务分析表

步骤	步骤分解	关键技术
1	定义函数，其参数为列表和待查找的值	函数的定义
2	首先测试中间位置上的元素是否为目标元素，如果是则结束程序	if语句的使用，return关键字
3	如果序列中间位置上的元素比目标元素小，则在序列的后面一半元素中继续查找	elif语句的使用
4	如果序列中间位置上的元素比目标元素大，则在序列的前面一半元素中继续查找	elif语句的使用
5	重复上面的过程，不断地缩小搜索范围（每次的搜索范围可以减少一半），直到查找成功或者失败（要查找的元素不在序列中）	while循环语句的使用

3 操作过程

实现二分法查找的操作过程如表D1-1-2所示。

表 D1-1-2　操作过程表

步骤	步骤解析	关键代码

1	定义binarySearch函数并接收两个参数，分别为已经排序好的序列和所要查找的目标元素。
	定义start变量为序列的起始坐标，定义end变量为序列的结束坐标。
	当start变量小于end变量时，进入while循环，计算start变量与end变量的中间位置。
	如果序列中间位置上的元素恰好等于目标元素，则返回中间位置上的元素；
	如果目标元素大于序列中间位置上的元素，则在序列的后一半元素中继续查找；
	如果目标元素小于序列中间位置上的元素，则在序列的前面一半元素中继续查找
		from random import randint
		# 定义binarySearch函数，查找lst中是否有value值
		def binarySearch(lst,value):
		    start=0
		    end=len(lst)-1
		    while start<=end:
		        # 计算中间位置
		        middle=(start+end)//2
		        # 查找成功，返回元素对应的位置
		        if value==lst[middle]:
		            return middle
		        # 在后面一半元素中继续查找
		        elif value>lst[middle]:
		            start=middle+1
		        # 在前面一半元素中继续查找
		        elif value<lst[middle]:
		            end=middle-1
		    return -1

2	创建列表，生成20个大小为1～50的元素，并调用sort()函数对列表进行从小到大的排序	# 创建列表，生成20个大小为1～50的元素
		lst=[randint(1,50)for i in range(20)]
		# 对列表进行从小到大的排序
		lst.sort()
		print(lst)

3	调用binarySearch函数，并返回查询的结果	# 调用binarySearch函数，并返回查询结果
		res=binarySearch(lst,20)
		if res!=-1:
		    print("成功找到目标元素，其下标为：",res)
		else:
		    print("未找到目标元素")

任务D1-1-2　冒泡排序

1　任务描述

为某校开发一个学习平台，利用排序算法帮助学员了解其排名情况，激发学员的竞争意识，及时地对所学内容查漏补缺。

请编写函数，实现冒泡排序算法。

2　任务分析

所谓冒泡排序算法，是指通过多次扫描来实现所有元素的排序，在每次扫描时从前往后依次两两比较相邻的元素，如果某两个元素不符合预期的顺序要求就进行交换，这样依次扫描结束后就把最大或最小的那个元素移动到了最后的位置。然后再回到左端进行下一次扫描并重复上面的过程，直到所有元素都符合预期顺序为止。

以从小到大排序为例，其实现原理流程图如图D1-1-2所示，任务分析表如表D1-1-3所示。

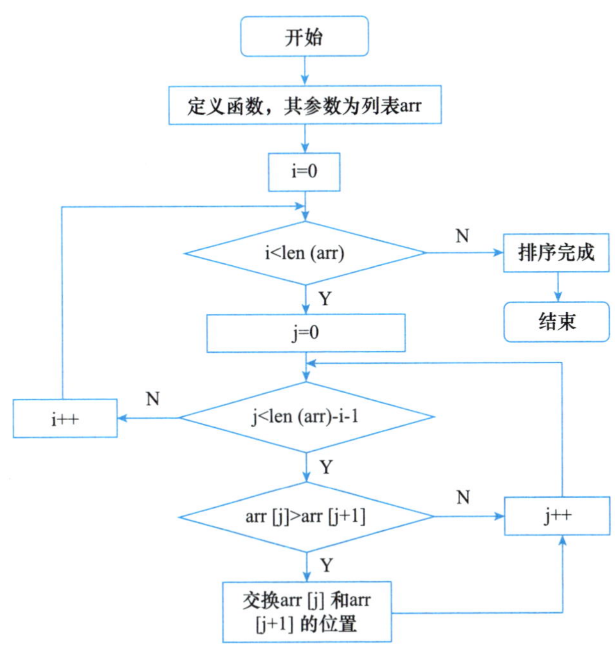

图D1-1-2　冒泡排序法程序流程图

表D1-1-3　任务分析表

步骤	步骤分解	关键技术
1	定义函数，其参数接受一个待排序的列表	函数的定义
2	第一次比较：比较第一个数和第二个数，将较小的数放在前面，较大的数放在后面	if语句的使用，变量值的交换
3	第二次比较：比较第二个数和第三个数，将较小的数放在前面，较大的数放在后面	if语句的使用，变量值的交换
4	如此继续，直到比较到最后两个数，将较小的数放在前面，较大的数放在后面	for循环语句的使用
5	在第四步执行完之后，序列的最后一个数一定为最大值。接下来不断重复第二步～第四步，这样序列的倒数第二个数也一定为序列的第二大的数，序列的倒数第三个数也一定为序列的第三大的数……依此类推，最终将序列进行从小到大的排序	for循环语句的使用

3 操作过程

实现冒泡排序的操作过程如表D1-1-4所示。

表 D1-1-4　操作过程表

步骤	步骤解析	关键代码

1	定义bubbleSort函数。
	外层for循环找到当前第i大的元素来让它归位。
	内层循环进行相邻元素间的比较。
	若前面元素比后面大，则交换两个元素的位置，返回排序后的结果
		# 定义函数，实现冒泡排序
		def bubbleSort(arr):
		    for i in range(len(arr)):
		        for j in range(0,len(arr)-i-1):
		            # 若前面的元素比后面的大
		            if arr[j]>arr[j+1]:
		                # 则交换两个元素的位置
		                arr[j],arr[j+1]=arr[j+1],arr[j]
		    return arr

2	创建一个无序列表	lis=[10,1,35,61,89,36,55]

3	将该列表作为实参传入bubbleSort函数中，输出该函数返回的结果	# 调用bubbleSort函数，返回排序后的结果
		sort_lis=bubbleSort(lis)
		print(lis)

问题情境

问题1　在实际开发工作中，当定义完函数后，函数是否会立即执行？

提示：在定义完函数后，函数并不会立即执行，当调用函数时，函数才会被执行。

问题2　使用关键字方式传递实参时是否需要关注函数中形参的顺序？

提示：关键字参数的传递是通过“形参＝实参”的格式将实参与形参相关联，将实参按照相应的关键字传递给形参，因而无须关注形参的顺序。

五　学习结果评价

在表D1-1-5中填写本节学习结果评价。

表 D1-1-5　学习结果评价表

技能目标达成评价			
序号	评价内容	评价标准	评价结果（是/否）
1	函数的概念	能理解函数的概念及其优势	
2	函数的定义与调用	能使用def关键字定义函数	
		能掌握函数的调用	
3	函数参数与返回值	能理解函数参数的几种传递方式	
		能掌握return语句的用法	
4	特殊形式的函数	能理解递归函数的使用方法	
		能理解匿名函数的使用方法	

德育目标达成评价		
序号	评价内容	达成结果
1	做事要遵循标准规范、严谨细致	○感受　○提升　○践行
2	工作要有条理，理清先后顺序	○感受　○提升　○践行

课后作业

一、选择题

1. 下列选项中不属于函数的优点是（　　）。

A. 易于维护　　B. 可重复使用

C. 可扩展　　D. 编码简单

2. 执行下述函数：

```
def print_words():
    print('Hello World!')
    return
    print('Hello Python!')
    return
```

当调用print_words()后，输出结果为（　　）。

A. Hello World！　　B. Hello World！ Hello Python！

C. Hello Python！　　D. 没有输出结果

3. 执行下列程序：

```
def fact(num):
    if num==1:
        return 1
    else:
        return num+fact(num-1)
print(fact(5))
```

输出结果为（　　）。

A. 21　　B. 15　　C. 3　　D. 1

4. 请看下面的一段程序：

```
def info(age=18,name):
    print("{}的年龄为{}".format(name,age))
info(28,'小明')
```

运行程序，最终输出的结果为（　　）。

A. 小明的年龄为28　　B. 小明的年龄为18

C. 28的年龄为小明　　D. 程序出现错误

二、编程题

1. 编写函数，判断用户输入的整数是否为回文数。回文数是一个正向和逆向都相同的整数，如12321、7667。

2. 编写函数，判断用户输入的三个数字是否能构成三角形的三条边。

职业能力D1-2 能使用常用内置函数编写Python程序

一 核心概念

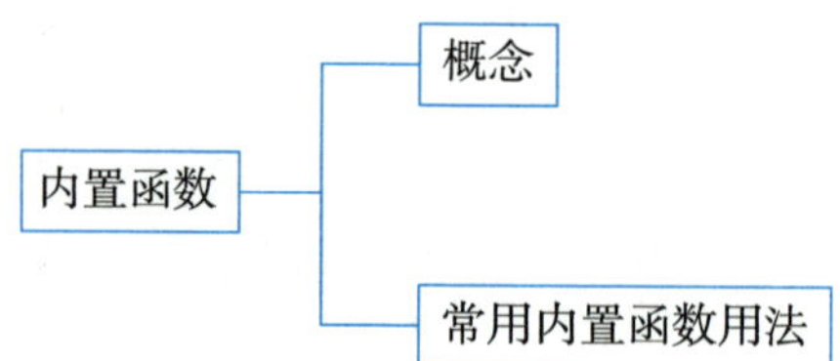

二 学习目标

1. 能理解Python内置函数的概念。
2. 能熟悉常用的Python内置函数并掌握其用法。
3. 能利用常用的Python内置函数解决开发中的实际问题。
4. 通过使用内置函数，锻炼合理利用已有资源、大胆进行创新和突破的能力。

三 基本知识

1 Python内置函数的概念

上一小节讲述了如何根据需求自定义函数。当然，在Python中也提供了丰富的系统函数，这些系统函数不需要读者定义就可以直接使用，将这些函数称为内置函数。

使用下面语句可以查看所有内置函数和内置对象：

```
print(dir(__builtins__))
```

2 常用的Python内置函数

常用的Python内置函数如表D1-2-1所示。

表 D1-2-1　常用Python内置函数

函数	功能简要说明	用法示例	运行结果
abs(x)	返回数字x的绝对值	print(abs(-1))	1
bin(x)	把整数x转换为二进制串表示形式	print("数字123转换为二进制:",bin(123))	数字123转换为二进制:0b1111011
complex(real,[imag])	返回复数	print(complex(3,5))	(3+5j)
chr(x)	返回Unicode编码为x的字符	print(chr(65))	A
divmod(x，y)	返回包含整商和余数的元组((x-x%y)/y，(x%y))	print(divmod(5,3))	(1,2)
enumerate(iterable[,start])	函数用于将一个可遍历的数据对象(如列表、元组或字符串)组合为一个索引序列，同时列出数据和数据下标。start表示索引的起始值	seasons=['a','b','c','d'] print(list(enumerate(seasons))) print(list(enumerate(seasons, start=1)))	[(0,'a'),(1,'b'),(2,'c'),(3,'d')] [(1,'a'),(2,'b'),(3,'c'),(4,'d')]
eval(s)	计算并返回字符串s中表达式的值	s='5*5' print(eval(s))	25
float(x)	把整数或字符串x转换为浮点数并返回	print(float(5))	5.0
help(obj)	返回对象obj的帮助信息	print(help('sys')) print(help('print'))	运行结果较长，读者可自己运行查看结果
hex(x)	把整数x转换为十六进制串	print("数字123转换为十六进制:",hex (123))	数字123转换为十六进制:0x7b
id(obj)	返回对象obj的标识(内存地址)	a=1 print(id(a))	140711870197504
input([prompt])	显示提示，接收键盘输入的内容，返回字符串	num=input("请输入您的学号:") print("您的学号是",num)	请输入您的学号:1 您的学号是1
len(obj)	返回对象obj包含的元素个数，适用于列表、元组、集合、字典、字符串以及range对象	list=['a','b','c','d']	print("列表中包含",len(list),"个 元素")
list([x])、set([x])、tuple([x])、dict([x])	把对象x转换为列表、集合、元组或字典并返回，或生成空列表、空集合、空元组、空字典	print(list(range(6))) print(tuple(range(6))) print(dict(zip('abcd','1234'))) print(set('11123334556'))	[0,1,2,3,4,5] (0,1,2,3,4,5) {'a':'1','b':'2','c':'3','d':'4'} {'1','4','5','2','6','3'}

续表

函数	功能简要说明	用法示例	运行结果
max(...)、min(...)	返回多个值中或者包含有限个元素的可迭代对象中所有元素的最大值、最小值，要求所有元素之间可比较大小	num=[4,6,1,7,0,9,5] print("num列表的最大值为:",max(num)) print("num列表的最小值为:",min(num))	num列表的最大值为:9 num列表的最小值为:0
oct(x)	把整数x转换为八进制串	print("数字123转换为八进制:",oct(123))	数字123转换为八进制:0o173
ord(x)	返回一个字符x的Unicode编码	print(ord('A'))	65
round(x[,digits])	对x进行四舍五入，若不指定小数位数，则返回整数。 digits参数的用法： 当digits>0，四舍五入到指定的小数位 当digits=0，四舍五入到最接近的整数 当digits<0，在小数点左侧进行四舍五入 当round()函数只有x这个参数，等同于digits=0	print(round(6.314,2)) print(round(6.614,0)) print(round(6.614)) print(round(6.314,-1))	6.31 7.0 7 10.0
sorted(iterable,reverse=False)	返回排序后的列表，其中iterable表示要排序的序列或迭代对象，reverse用来指定升序或降序。当reverse为False，表示升序；当reverse为True，表示降序；当没有指定reverse的值时，默认为升序	num=[4,6,1,7,0,9,5] print(sorted(num)) print(sorted(num,reverse=False)) print(sorted(num,reverse=True))	[0,1,4,5,6,7,9] [0,1,4,5,6,7,9] [9,7,6,5,4,1,0]
str(obj)	把对象obj直接转换为字符串	print(type(str(9876)))	<class'str'>
sum(x)	返回序列x中所有元素之和，要求序列x中所有元素支持加法运算	num=[4,6,1,7,0,9,5] print("列表中元素的和为:",sum(num))	列表中元素的和为:32
type(obj)	返回对象obj的类型	print(type(1)) print(type(1.1)) print(type("python")) print(type([1,2,3])) print(type((1,2,3))) print(type({1,2,3})) print(type({'a':1,'b':2}))	<class'int'> <class'float'> <class'str'> <class'list'> <class'tuple'> <class'set'> <class'dict'>

续表

函数	功能简要说明	用法示例	运行结果

zip(seq1[,seq2[...]])	用于将可迭代的对象作为参数，将对象中对应的元素打包成一个个元组，然后返回由这些元组组成的列表。
	如果各个迭代器的元素个数不一致，则返回列表长度与最短的对象相同
		a=[1,2,3]
		b=[9,8,7]
		c=[9,8,7,6,5]
		# 打包为元组的列表
		print(list(zip(a,b)))
		# 元素个数与最短的列表一致
		print(list(zip(a,c)))
			[(1,9),(2,8),(3,7)]
			[(1,9),(2,8),(3,7)]

pow(x,y)	计算并返回x的y次方的值。 一年365天，如果初始状态为1，那么，如果每天进步1%，累计能进步多少呢？反过来，每天退步1%，累计剩下多少呢？读者可以利用pow(x,y)函数来进行计算	# 365天，每天进步1% print(pow(1.001,365)) # 365天，每天退步1% print(pow(0.999,365))	1.44 0.69 从得出的结果来看，一年365天，每天只要进步1%，累积下来你将成长为原来基础的1.44倍；相反，如果每天都不努力，而且退步了1%，那么一年下来只剩下了0.69，每天进步1%的力量相比不努力接近了2倍，不可小视

注：上述内置函数中的“[ ]”指的是其参数可以省略。

四　能力训练

任务D1-2-1　模拟比赛评分

1　任务描述

某学校为发扬五四运动爱国精神，传唱红色歌曲，营造学生爱国、爱校、爱家情怀，激发学生努力学习，报效国家的信念，计划举办以“唱红色歌曲，赞精彩人生”的红歌比赛。

该比赛共有5个评委，打分规则为删除最高分和最低分之后计算剩余分数的平均分。

注意：

1）评委输入的分数都是整数。

2）最高分是100，最低分是0。

3）最后的平均分保留两位小数。

编写代码，模拟比赛现场最终成绩的计算过程。

2　任务分析

模拟比赛评分的任务分析，如表D1-2-2所示。

表D1-2-2　任务分析表

序号	步骤分解	关键技术
1	使用一个循环输入每一个评委的打分，并将分数转换成int类型	int() 函数、input() 函数
2	删除最高分和最低分	max() 函数、min() 函数
3	计算剩余分数的平均分	sum() 函数、len() 函数
4	将结果保留两位小数	round() 函数

3　操作过程

模拟比赛评分的操作过程如表D1-2-3所示。

表D1-2-3　操作过程表

步骤	步骤解析	关键代码
1	初始化scores列表用来存储评委输入的分数	`scores=[]  # 初始化列表，用来存储从控制台输入的数据`

2	利用循环从控制台依次输入5个评委的评分，将分数放入scores列表中	`# 循环5次，每次循环从控制台接收一个数字`
		`for i in range(5):`
		`    # 将从控制台接收到的数字转换成整型`
		`    score=int(input("请输入第{}个专家的分数:".format(i+1)))`
		`    scores.append(score)  # 将分数放入列表中`

续表

步骤	步骤解析	关键代码
3	通过max和min函数分别获得评分的最大值和最小值	`highest=max(scores)  # 获取最高分` `lowest=min(scores)  # 获取最低分`
4	利用列表的remove函数删除最大值和最小值	`scores.remove(highest)  # 删除列表中的最高分` `scores.remove(lowest)  # 删除列表中的最低分`

5	sum函数用来对剩余的评分求和，len函数求列表中剩余评分的个数，这样用评分和评分个数，并通过round函数四舍五入保留两位小数，即可获得最终的平均分	`# 求平均分，并保留两位小数`
		`averageScore=round(sum(scores)/len(scores),2)`
		`print(averageScore)`

任务D1-2-2　寻找相差最小的数字

1 任务描述

第五代移动通信（5G）是当前具有代表性、引领性的网络信息技术，是支撑实体经济高质量发展的关键信息基础设施之一。党中央高度重视5G发展，中央经济工作会议提出加快5G商用步伐。工业和信息化部正式发放了5G商用牌照后，我们要以此为契机，加快建设5G网络，推动5G技术与各行业、各领域融合赋能，有力支撑实体经济高质量发展。

假设某运营商在两座山上铺设5G基站，其铺设的位置如下列两个列表中的值所示。

```
nums1=[-1,5,10,20,28,3]
nums2=[26,134,135,15,17,100]
```

列表中的值为不同位置海拔高度，现在需要在这两座山中选择海拔差值最小的5G基站来接收信号，从而保证两座山之间传递信号的稳定性。请问这些基站中最小的海拔差值应该是多少？

2 任务分析

寻找相差最小的两个数字的任务分析如表D1-2-4所示。

表D1-2-4　任务分析表

序号	步骤分解	关键技术
1	使用循环嵌套，从控制台分别接收两座山不同位置的海拔高度	input()函数
2	将海拔转换成float类型，放入列表中	float()函数
3	对列表中的数据进行排序	sorted()函数
4	定义一个正无穷大的数据	float()函数
5	分别获取两个列表的长度	len()函数
6	遍历排序之后的列表，初始的时候i=0，j=0分别指向两个数组的第一个元素，然后计算sorted_num1[i]-sorted_num2[j]的绝对值，如果比当前最小值还小，就更新最小值	abs()函数、min()函数
7	当sorted_nums1[i]>sorted_nums2[j]，如果增大i，差值只会越来越大，所以只能增大j。同理，当sorted_nums1[i]<sorted_nums2[j]，需要增大i	理解代码的逻辑

3 操作过程

寻找相差最小的数字的操作过程如表D1-2-5所示。

表D1-2-5 操作过程表

步骤	步骤解析	关键代码

1	初始化列表，用来存储从控制台输入的数据	# 初始化两个列表，用来存储从控制台输入的数据
		nums1=[]
		nums2=[]

2	使用循环嵌套，从控制台分别接收两座山的海拔高度，并将其转换成浮点型存入列表中	# 循环2次，分别向两个列表中添加值
		for i in range(2):
		    # 循环6次，每次循环从控制台接收一个数字
		    for j in range(6):
		        num=float(input("请输入num{}数组中的第{}个数字:".format(i+1,j+1)))
		        if i+1==1:
		            # 将数字放入nums1列表中
		            nums1.append(num)
		        else:
		            # 将数字放入nums2列表中
		            nums2.append(num)

3	对列表中的数据进行升序排序，并初始化dif变量为正无穷大	# 对列表中的数据进行升序排序
		sorted_nums1=sorted(nums1)
		sorted_nums2=sorted(nums2)
		dif=float('inf') # 定义一个正无穷大的数据

4	分别获取两个列表的长度	# 分别获取两个列表的长度 n,m=len(sorted_nums1),len(sorted_nums2)

5	while循环遍历两个列表，计算sorted_num1[i]-sorted_num2[j]的绝对值，如果比当前最小值还小，就更新最小值。
	当sorted_nums1[i]>sorted_nums2[j]，如果增大i，差值只会越来越大，所以只能增大j。同理，当sorted_nums1[i]<sorted_nums2[j]，需要增大i
		# 初始化i、j变量为0
		i,j=0,0
		while i<n and j<m:
		    # 然后计算sorted_nums1[i]-sorted_nums2[j]的绝对值，
		    # 如果比当前最小值还要小，就更新最小值
		    dif=min(dif,abs(sorted_nums1[i]-sorted_nums2[j]))
		    # 当sorted_nums1[i]>sorted_nums2[j]，如果增大i，
		    # 差值只会越来越大，所以只能增大j
		    if sorted_nums1[i]>sorted_nums2[j]:
		        j+=1
		    # 同理，当sorted_nums1[i]<sorted_nums2[j]，需要增大i
		    else:
		        i+=1
		# 输出最后的结果
		print(dif)

问题情境

问题　在实际开发工作中，eval()函数和int()函数之间的区别是什么？

提示： eval()函数用来执行一个字符串表达式，并返回表达式的值；int()函数用于将一个字符串或数字转换为整型。例如：

```
int('24+4')   # 程序报错
eval('24+4')   # 结果为28
```

五　学习结果评价

如表D1-2-6中填写本节学习结果评价。

表D1-2-6　学习结果评价表

技能目标达成评价			
序号	评价内容	评价标准	评价结果（是/否）
1	Python内置函数的概念	能理解Python内置函数的概念	
		能了解Python有哪些内置函数	
2	Python常用内置函数的用法	能掌握Python常用内置函数的用法	
		能使用Python常用内置函数解决实际开发问题	

德育目标达成评价		
序号	评价内容	达成结果
1	合理利用已有资源，大胆进行创新和突破	○感受　○提升　○践行

课后作业

一、选择题

1．a=round (3.49)，则a的值为（　　）。

A．4　　　　B．3.49

C．4.0　　　　D．3

2．x=eval (input())，当用户输入1+2时，x的值为（　　）。

A．3　　　　B．1+2

C．“1+2”　　　　D．“3”

二、编程题

1. 从控制台输入一个字符串，统计该字符串中大写字母、小写字母和数字的个数。

2. 编写程序，完成以下要求。

（1）输入学生的姓名。

（2）依次输入学生的语文、数学、英语、物理和生物成绩。

（3）计算该学生的平均成绩，保留一位小数，并打印。

（4）分别打印该学生五门成绩的最高分和最低分。

职业能力D1-3 能编写和使用自定义模块

一 核心概念

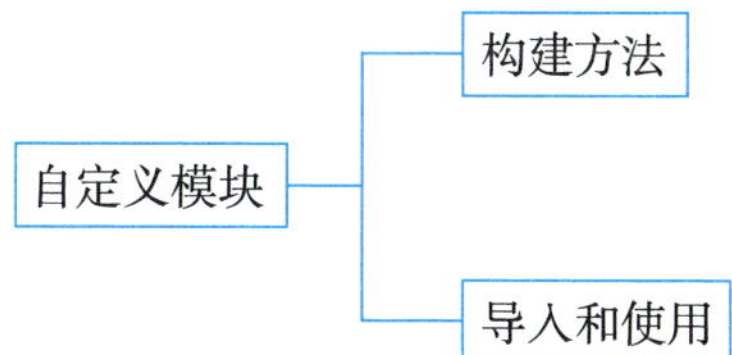

二 学习目标

1. 能掌握Python自定义模块的构建。
2. 能掌握Python自定义模块的导入与使用。
3. 通过自定义模块培养学生细致、统筹规划、有条理的工作作风。

三 基本知识

1 Python自定义模块的构建

当程序的功能越来越多时，程序会变得更加复杂，代码量会同步增加，这时若还是在一个文件中编写代码，代码的维护就会越来越困难。为了保证代码的可维护性，开发人员通常将一些功能性代码放在其他文件中，这种用于存放功能性代码的文件就是自定义模块，通常简称为模块。进一步说，Python模块本质上是一个包含Python代码片段的.py文件，模块名就是文件名。假设现有文件test.py，该文件包含的代码如下。

```
def add(a,b):
    return a+b
def sub(a,b):
    return a-b
def multiply(a,b):
    return a*b
```

那么文件test.py就是一个Python模块。

2 Python自定义模块的导入与使用

在使用模块中定义的内容之前需先将模块导入当前程序。Python使用import关键字导入模块。

（1）导入整个模块

编写一条import语句并在其中指定模块名，便可以在程序中使用该模块中的所有函数。其语法格式如下。

```
import module_name
```

当导入模块后，便可以通过下面的语法来使用其中的任意一个函数：

```
module_name.function_name()
```

例如，当导入test模块的add函数，其代码如下。

```
import test
res=test.add(1,2)
print(res)
```

（2）导入特定的函数

当只需要导入模块中的特定函数时，其语法格式如下。

```
from module_name import function_name
```

当导入的特定函数不止一个时，可以用逗号分隔函数名，其语法格式如下。

```
from module_name import function_0,function_1,function_2
```

在导入特定的函数之后，可以直接使用函数名进行调用。例如，当只需要导入test模块中的add函数和sub函数时，其代码如下。

```
from test import add,sub
res1=add(1,2)
print(res1)
res2=sub(2,1)
print(res2)
```

（3）使用as给函数指定别名

如果要导入的函数名称可能与程序中现有名称冲突，或者函数的名称太长，可以在导入函数时指定一个简短的独一无二的别名，其语法格式如下。

```
from module_name import function_name as fn
```

当调用函数时，直接使用别名即可。例如，将test模块中的multiply函数导入并起别名为multi，其代码如下。

```
from test import multiply as multi
res=multi(2,3)
print(res)
```

（4）使用as给模块指定别名

开发人员还可以给模块指定别名。通过给模块指定别名，可以使开发人员更轻松地调用模块中的函数。其语法格式如下。

```
import module_name as mn
```

当给模块起好别名之后，便可以通过下面的语法来使用模块中的任意一个函数：

```
mn.function_name()
```

例如，给test模块起别名t，并通过别名t调用函数add，其代码如下。

```
import test as t
res=t.add(1,2)
print(res)
```

（5）导入模块中的所有函数

使用星号（*）运算符可以导入模块中的所有函数。其语法格式如下。

```
from module_name import*
```

在导入模块中的所有函数之后，可以直接使用函数名进行调用。例如，导入test模块中的所有函数，并调用sub函数，其代码如下。

```
from test import *
res=sub(3,1)
print(res)
```

四 能力训练

任务D1-3-1 自定义math_fun模块

1 任务描述

学生自由组队，团队协作完成math_fun模块的开发。组长负责控制项目实施进度和团队活动的组织。一部分组员在math_fun模块中，编写函数，接收两个整数，求这两个整数的最大公约数和最小公倍数，并返回结果；另一部分组员编写函数，接收一个整数，判断该整数是否是质数；最后由组长导入该模块，并分别调用模块中的两个函数。

2 任务分析

该任务分析过程如表D1-3-1所示。

表D1-3-1 任务分析表

步骤	步骤分解	关键技术
1	创建math_fun.py文件，分别定义两个函数	模块的创建
2	定义gcd_lcm函数，找出两个参数中的最小值，让这两个参数分别除以1至该最小值之间所有的整数，若能够整除，则说明该整数为两个参数的约数，通过循环找出最大的约数即可	函数的定义，max和min函数，for循环的使用，if语句的使用
3	定义is_prime函数，判断输入的参数是否是质数，具体判断质数的过程可参考表C2-2-2	函数的定义，while循环的使用，if语句的使用
4	定义好函数之后，可通过import语句将math_fun模块导入，并调用该模块中的两个函数	模块的导入与使用

3 操作过程

自定义math_fun模块的操作过程如表D1-3-2所示。

表D1-3-2　操作过程表

<table>
<tr><th>步骤</th><th>步骤解析</th><th>关键代码</th></tr>
<tr><td>1</td><td>创建math_fun模块</td><td><pre>math_fun.py</pre></td></tr>
<tr><td>2</td><td>定义gcd_lcm函数，求最大公约数和最小公倍数</td><td><pre>def gcd_lcm(a,b):
    m=max(a,b)   # 求出参数a、b的最大值
    n=min(a,b)   # 求出参数a、b的最小值
    gcd=1   # 初始化最大公约数为1
    for i in range(1,n+1):
        if m% i==0 and n% i==0:
            gcd=i   # 如果m、n能够被共同的i整除，则i为约数
    lcm=m*n/gcd   # 最小公倍数
    print("{}和{}的最大公约数是{}，最小公倍数是{}".format(a,b,gcd,lcm))</pre></td></tr>
<tr><td>3</td><td>定义is_prime函数，判断是否是质数</td><td><pre>def is_prime(num):
    flag=True   # 假设num是质数
    j=2
    while j<num:
        # num整除所有比它小的数（从2算起），如果能整除，表示该数不是质数
        if num% j==0:
            flag=False   # num不是质数
            break   # 跳出循环
        j+=1
    # 如果flag最后的值为True，则num为质数，否则就不是质数
    if flag:
        print("{}是质数".format(num))
    else:
        print("{}不是质数".format(num))</pre></td></tr>
<tr><td>4</td><td>导入math_fun模块，并分别调用该模块中的两个函数</td><td><pre>import math_fun
math_fun.gcd_lcm(6,16)
math_fun.is_prime(19)</pre></td></tr>
</table>

问题情境

问题　“import module_name”语句和“from module_name import *”语句都能导入指定模块的全部内容，相比之下，“from module_name import *”语句导入的内容无须指定模块名，可直接调用，使用更加方便，但在实际开发中却不建议使用该语句，这是为什么？

提示：在实践中，“from module_name import *”语句不是良好的编程风格。如

果使用from导入变量，且那些变量碰巧和作用域中现有变量同名，那么变量名就会被悄悄覆盖掉。而使用“import module_name”语句的时候就不会发生这种问题，因为变量名是通过模块名才获取的，像module_name.attr不会和现有作用域的attr冲突。

五 学习结果评价

在表D1-3-3中填写本节学习结果评价。

表D1-3-3 学习结果评价表

技能目标达成评价			
序号	评价内容	评价标准	评价结果（是/否）
1	Python自定义模块的构建	能掌握Python模块的自定义	
2	Python自定义模块的导入与使用	能理解模块导入不同方法之间的区别	
		能掌握模块导入的具体用法	
德育目标达成评价			
序号	评价内容	达成结果	
1	学习细致、统筹规划、有条理的工作作风	○感受 ○提升 ○践行	

课后作业

一、选择题

1. 下面选项中，不能正确引入模块的是（ ）。

A. import math　　B. from math import sqrt

C. from math import *　　D. from sqrt import math

2. Python中生成随机数的模块为（ ）。

A. number　　B. re　　C. random　　D. math

二、编程题

1. 创建名为practice的模块，并在该模块中分别定义两个函数。

（1）定义reduceNum函数，接收一个正整数，并将该正整数分解质因数。例如输入90，打印出90=2*3*3*5。

（2）定义digit函数，接收一个不多于5位的正整数，要求：

1）求它是几位数。

2）逆序打印出各位数字。

工作任务 D2 文件操作和异常处理

职业能力D2-1
能使用文件的基本操作编写Python程序

一 核心概念

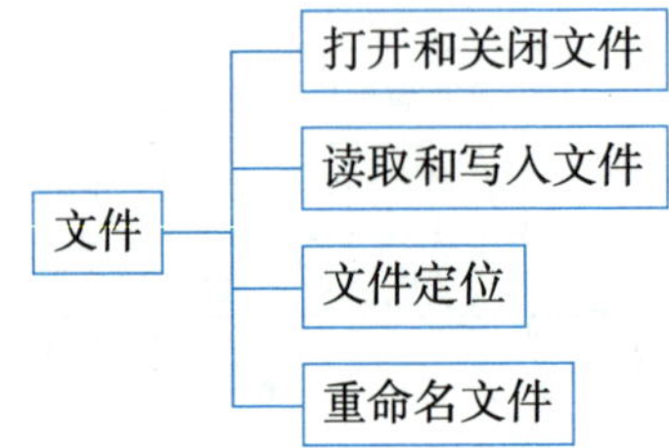

二 学习目标

1. 了解计算机中文件的类型。
2. 掌握文件的基本操作，可熟练管理文件与目录。
3. 了解数据维度的概念，掌握常见数据的格式化方法。
4. 了解文件操作的使用环境，学会使用文件操作代码，简化企业工作流程，增强代码的健壮性。

三 基本知识

1 文件概述

操作系统以文件为单位对数据进行管理。计算机中的每个文件都有唯一确定的标识，以便识别和引用文件。文件标识分为路径、文件名主干和扩展名三个部分。完整的文件标识如图D2-1-1所示。

D:\itcast\chapter\example.dat

路径　　文件名主干　　扩展名

图D2-1-1　完整的文件标识

根据数据的逻辑存储结构，计算机中的文件分为文本文件和二进制文件。

文本文件专门存储文本字符数据；二进制文件不能直接使用文字处理程序正常读写，必须先了解其结构和序列化规则，再设计正确的反序列化规则，才能正确获取文件信息。

Python的sys模块中定义了如下三个标准文件：

1）stdin（标准输入文件）。标准输入文件对应输入设备，如键盘。

2）stdout（标准输出文件）。标准输出文件对应输出设备，如显示器。

3）stderr（标准错误文件）。标准错误文件也对应显示器等输出设备。

2 文件的基本操作

（1）打开文件

必须先用Python内置的open()函数打开一个文件，创建一个file对象，相关的方法才可以调用文件进行读写。打开文件的方法如表D2-1-1所示。

表D2-1-1　打开文件的方法

函数	语法说明	用法示例

open()函数	常用语法格式：
	`open(file,mode='r')`
	• file：文件的路径。
	• mode：设置文件的打开模式，取值有r、w、a等。
	• 返回值：若open()函数调用成功，返回一个文件对象；若打开的文件不存在，文件打开失败，程序会抛出异常，并打印错误信息
		若open()函数调用成功，返回一个文件对象。
		`# 以只读方式打开E盘a.txt文本文件`
		`file1=open('E\\a.txt')`
		`# 以只写方式打开当前目录的b.txt文本文件`
		`file2=open('b.txt','w')`
		`# 以读/写方式打开当前目录的c.txt文本文件`
		`file3=open('c.txt','w+')`

常用的文件打开模式如表D2-1-2所示。

表D2-1-2　常用文件打开模式

打开模式	名称	描述
r/rb	只读模式	以只读的形式打开文本文件/二进制文件，若文件不存在或无法找到，文件打开失败
w/wb	只写模式	以只写的形式打开文本文件/二进制文件，若文件已存在，则重写文件，否则创建新文件
a/ab	追加模式	以只写的形式打开文本文件/二进制文件，只允许在该文件末尾追加数据，若文件不存在，则创建新文件
r+/rb+	读取（更新）模式	以读/写的形式打开文本文件/二进制文件，若文件不存在，文件打开失败
w+/wb+	写入（更新）模式	以读/写的形式打开文本文件/二进制文件，若文件已存在，则重写文件
a+/ab+	追加（更新）模式	以读/写的形式打开文本/二进制文件，只允许在文件末尾添加数据，若文件不存在，则创建新文件

（2）关闭文件

Python可通过close()方法关闭文件，也可以使用with语句实现文件的自动关闭，使用的方法如表D2-1-3所示。

表D2-1-3 关闭文件方法

方法	语法说明	用法示例

close()方法	语法格式：
	`fileObject.close()`
	File对象的close()方法刷新缓冲区里任何还没写入的信息，并关闭该文件，之后不能再进行写入
		`f=open("test.txt")`
		`# 输出结果为：1、文件是否关闭：False`
		`print("1、文件是否关闭：{}".format(f.closed))`
		`f.close()`
		`# 输出结果为：2、文件是否关闭：True`
		`print ("2、文件是否关闭：{}".format(f.closed))`

with语句关闭文件	语法格式：
	`with expression[as target]:pass`
	• expression：是一个需要执行的表达式；
	• target：是一个变量或者元组，存储的是expression表达式执行返回的结果，可选参数
		`with open("test.txt") as f:`
		`    # 输出结果为：1、文件是否关闭：False`
		`    print("1、文件是否关闭：{}".format(f.closed))`
		`    # 输出结果为：2、文件是否关闭：True`
		`    print("2、文件是否关闭：{}".format(f.closed))`

（3）读取文件

文件读取的方法如表D2-1-4所示。

表D2-1-4 读取文件的方法

方法	语法说明	用法示例

read()方法	read()方法可以从指定文件中读取指定字节的数据。
	语法格式：
	`fileObject.read([count])`
	• fileObject：已打开的文件的对象名。
	• count：从已打开文件中读取的字节或字符计数。
	注意：
	• Python字符串可以是二进制数据，而不仅仅是文字。
	• 该方法从文件的开头开始读入，如果没有传入count，它会尝试尽可能多地读取更多的内容，很可能是直到文件的末尾
		`# 打开一个文件`
		`fo=open('foo.txt','r')`
		`# 读取10个字节数据`
		`str=fo.read(10)`
		`print('读取的字符串是：',str)`
		`# 读取剩余字节的数据`
		`str_r=fo.read()`
		`print('读取的字符串是：',str_r)`
		`# 关闭打开的文件`
		`fo.close()`
		运行结果如下。
		读取的字符串是：I Love Pyt
		读取的字符串是：hon!

readline()方法	语法格式：
	`fileObject.readline(size)`
	• size：从文件中读取的字节数。
	readline()方法可以从指定文件中读取一行数据，包括“\n”字符。如果指定了一个非负数的参数，则返回指定大小的字节数，包括“\n”字符
		假设foo.txt文件中的内容为：I Love Python!
		`with open('foo.txt','r')as fo:`
		`    read_str=fo.readline()`
		`print('读取字符串是：',read_str)`
		运行结果如下。
		读取字符串是：I Love Python!
		`fo=open('foo.txt','r')`
		`# 读取5个字节数据`
		`str=fo.readline(5)`
		`print('读取的字符串是：',str)`
		`# 从上次读取的位置开始，读取整行`

续表

方法	语法说明	用法示例

readline()
方法
	语法格式：
	`fileObject.readline(size)`
	• size：从文件中读取的字节数。
	readline()方法可以从指定文件中读取一行数据，包括“\n”字符。如果指定了一个非负数的参数，则返回指定大小的字节数，包括“\n”字符
		`str_r=fo.readline()`
		`print('读取的字符串是:',str_r)`
		`# 关闭打开的文件`
		`fo.close()`
		运行结果如下。
		读取的字符串是:I Lov
		读取的字符串是:e Python!

readlines()
方法
	语法格式：
	`fileObject.readlines()`
	readlines()方法用于读取所有行（直到结束符EOF）并返回列表，该列表可以由Python的for...in...结构进行处理。如果碰到结束符EOF则返回空字符串
		假设foo.txt文件中的内容为：
		I Love Python!
		I Love coding!
		则代码如下。
		`fo=open('foo.txt',' r')`
		`for line in fo.readlines():`
		`    line=line.strip()`
		`    print('读取的数据为: %s'%(line))`
		`#关闭打开的文件`
		`fo.close()`
		运行结果如下。
		I Love Python!
		I Love coding!

（4）写入文件

write()方法用于向文件中写入指定字符串。在操作某个文件时，每调用一次write函数，写入的数据就会追加到文件末尾，如表D2-1-5所示。

表D2-1-5　写入文件的方法

方法	语法说明	用法示例

write()
方法
	语法格式：
	`fileObject.write([str])`
	• str：要写入文件的字符串。
	• 返回值：返回的是写入的字符长度。
	注意：
	• 在文件关闭前或缓冲区刷新前，字符串内容存储在缓冲区中，这时在文件中是看不到写入的内容的。
	• 如果文件打开模式带b，那写入文件内容时，str（参数）要用encode方法转为bytes形式，否则报错：TypeError: a bytes-like object is required, not 'str'
		`# 打开文件`
		`fo=open('test.txt','w+')`
		`print('文件名为:',fo.name)`
		`str_w='I Love Python!'`
		`fo.write(str_w)`
		`# 在文件关闭前，文件中看不到写入的内容`
		`str_r=fo.readline()`
		`print('读取的字符串是:',str_r)`
		`# 关闭文件`
		`fo.close()`
		运行结果如下。
		文件名为:test.txt
		读取的字符串是:

（5）定位文件位置

定位文件位置的方法如表D2-1-6所示。

表 D2-1-6 定位文件的方法

方法	语法说明	用法示例

tell()
方法
	使用tell()方法来获取文件当前的读写位置，即文件指针当前位置。语法格式：
	fileObject.tell()
	• 返回值：文件的当前位置
		# 打开文件
		fo=open('test.txt','r+')
		print('文件名为:',fo.name)
		line=fo.readline(5)
		print('读取的字符串是:%s'%(line))
		# 获取当前文件位置
		pos=fo.tell()
		print('当前位置:%d'%(pos))
		# 关闭文件
		fo.close()
		运行结果如下。
		文件名为:test.txt
		读取的字符串是:I Lov
		当前位置:5

seek()
方法
	使用seek()方法来移动文件读取指针到指定位置。语法格式：
	fileObject.seek(offset[,whence])
	• offset：开始的偏移量，也就是代表需要移动偏移的字节数
	• whence：可选，默认值为0。给offset参数一个定义，表示要从哪个位置开始偏移。0代表从文件开头开始算起；1代表从当前位置开始算起；2代表从文件末尾算起
	• 返回值：如果操作成功，则返回新的文件位置，如果操作失败，则方法返回-1
		# 打开文件
		with open('test.txt','r+')as fo:
		    line=fo.readline(5)
		    print('读取的数据为:%s'%(line))
		    # 重新设置文件读取指针到开头
		    fo.seek(0,0)
		    line=fo.readline()
		    print('读取的数据为:%s'%(line))
		运行结果如下。
		读取的数据为:I Lov
		读取的数据为:I Love Python!

（6）文件的重命名

rename()方法给文件重命名，需要两个参数，当前的文件名和新文件名，如表D2-1-7所示。

表 D2-1-7 定位文件的方法

方法	语法说明	用法示例

rename()
方法
	语法格式：
	os.rename(current_file_name,new_file_name)
		import os
		# 重命名文件test.txt到test_copy.txt
		os.rename('test.txt','test_copy.txt')

（7）文件的删除方法

使用remove()方法删除文件，需要提供要删除的文件名作为参数，如表D2-1-8所示。

表 D2-1-8　定位文件的方法

方法	语法说明	用法示例

remove()
方法
	语法格式：
	os.remove(file_name)
		import os
		# 删除文件test.txt
		os.remove('test.txt')

（8）file对象的常用方法

file对象使用open()函数来创建，表D2-1-9中列出了file对象的常用方法。

表 D2-1-9　file对象常用方法

序号	方法	描述
1	file.close()	关闭文件。关闭后文件不能再进行读写操作
2	file.flush()	刷新文件内部缓冲，直接把内部缓冲区的数据立刻写入文件，而不是被动地等待输出缓冲区写入
3	file.fileno()	返回一个整型的文件描述符（file descriptor FD整型），可以用在如os模块的read方法等一些底层操作上
4	file.isatty()	如果文件连接到一个终端设备返回True，否则返回False
5	file.next()	返回文件下一行
6	file.read([size])	从文件读取指定的字节数，如果未给定或为负则读取所有
7	file.readline([size])	读取整行，包括"\n"字符
8	file.readlines([sizeint])	读取所有行并返回列表，若给定sizeint>0，则为设置一次读多少字节，这是为了减轻读取压力
9	file.seek(offset[,whence])	设置文件当前位置
10	file.tell()	返回文件当前位置
11	file.truncate([size])	截取文件，截取的字节通过size指定，默认为当前文件位置
12	file.write(str)	将字符串写入文件，返回的是写入的字符长度
13	file.writelines(sequence)	向文件写入一个序列字符串列表，如果需要换行则要自行加入每行的换行符

四 能力训练

在企业工作中，经常会处理一些与文档相关的简单工作，比如Word文档、Excel表单等。这些文档的整理和合并工作看似简单，但非常费时且容易出错。在学习了文件基本操作后，就能够使用文件操作代码，简化文档处理的工作流程，提高工作效率。下面编程完成以下几项工作。

任务D2-1-1　对数据文件进行操作

1 任务描述

1）向文件test.txt中写入10行"Hello World！ -行号"。

2）读取文件test.txt中的内容。

3）将文件test.txt复制一份，命名为test_2.txt。

4）将文件test_2.txt的内容插入到test.txt文件最后。

2 任务分析

根据要求，分析任务表如表D2-1-10所示。

表D2-1-10　任务分析表

步骤	步骤分解	关键技术
1	向文件test.txt中写入10行“Hello World！ －行号”	文件写入函数的应用
2	读取文件test.txt中的内容	文件读出函数的应用
3	将文件test.txt复制一份，命名为test_2.txt	文件复制函数的应用
4	将文件test_2.txt的内容插入到test.txt文件最后	文件插入函数的应用

3 操作过程

操作过程如表D2-1-11所示。

表D2-1-11　操作过程表

步骤	步骤解析	关键代码

1	向文件test.txt中写入10行“Hello World！ －行号”。
	注意：
	• with是一种上下文管理器，结束时会自动销毁相关资源，所以不用手动关闭文件。
	• 写入文件时，默认不会自动换行，需要添加换行符。
	• 先把待写内容放到列表中，然后一次性写入文件
		`lines=[]  # 创建空列表`
		`for i in range(1,11):  # 循环操作`
		`    # 列表中添加内容`
		`    lines.append('Hello World!-'+str(i)+'\n')`
		`# 打开文件`
		`with open('test.txt','w',encoding='utf-8')as fp:`
		`    # 一次性写入列表内容`
		`    fp.writelines(lines)`

2	读取文件test.txt中的内容	`# 打开文件`
		`with open('test.txt','r',encoding='utf-8')as fp:`
		`    # 按行读取文件，结果为行的内容的列表`
		`    content=fp.readlines()`
		`    print(content)`

3	将文件test.txt复制一份，命名为test_2.txt	`# 打开文件`
		`with open('test.txt','r',encoding='utf-8')as fp:`
		`    content=fp.read()`
		`with open('test_2.txt','w',encoding='utf-8')as fp:`
		`    fp.write(content)`

4	将文件test_2.txt的内容插入test.txt文件最后。
	注意：
	以“r+”模式打开test.txt，先将指针移动到最后，然后将content写入文件
		`# 打开文件`
		`with open('test_2.txt','r',encoding='utf-8')as fp:`
		`    content=fp.read()`
		`with open('test.txt','r+',encoding='utf-8')as fp:`
		`    # 读取内容，将指针移动到最后`
		`    fp.read()`
		`    # 写入内容`
		`    fp.write(content)`

任务D2-1-2 密码登录

1 任务描述

完成使用初级密码登录。

1）用户注册功能。需求：实现用户注册功能，并将用户注册信息保存到磁盘文件中，用户注册时至少给定用户名和密码。

2）用户登录功能。需求：根据系统提示，用户输入用户名和密码，当用户名和密码给定正确的时候，显示登录成功，否则显示登录失败。

2 任务分析

根据要求，分析任务表如表D2-1-12所示。

表D2-1-12 任务分析表

步骤	步骤分解	关键技术
1	设计用户名及密码的文档users.txt的格式	admin 123456 lucy 123
2	设计菜单选择样式	欢迎登录系统 1：登录 2：注册 请输入操作序号：2
3	设计登录功能流程	登录功能流程如下图所示： 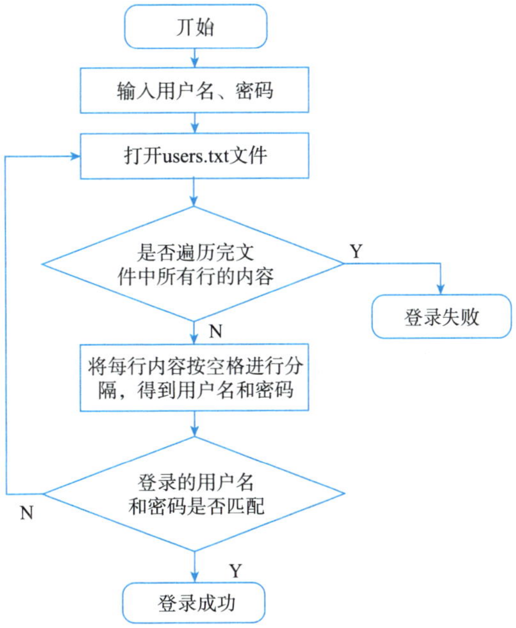 开始 输入用户名、密码 打开users.txt文件 是否遍历完文件中所有行的内容 Y 登录失败 N 将每行内容按空格进行分隔，得到用户名和密码 登录的用户名和密码是否匹配 N Y 登录成功

续表

步骤	步骤分解	关键技术
4	设计注册功能流程	需要判断注册的用户名是否存在，如果已经存在，要求用户重新输入； 用户名合格后，需要输入两次密码确认，如果两次输入的密码不一致，则需要重新输入； 用户名输入成功后，写入users.txt文件

3 操作过程

在整体设计程序架构时，可以采用模块化的编程思想，将复用的代码设计为自定义函数结构，操作过程如表D2-1-13所示。

表D2-1-13　操作过程表

步骤	步骤解析	关键代码

1	主函数代码
	完成界面和主体架构设计
		if __name__=='__main__':
		    print("欢迎登录系统")
		    print("1:登录")
		    print("2:注册")
		    inp=input("请输入操作序号:")
		    if inp=="1":　# 登录
		        login_info=login()
		        if login_info is not None:
		            print("欢迎用户%s,登录成功!"% login_info)
		        else:
		            print("抱歉,登录失败!")
		    elif inp=='2':　# 注册
		        result=regist()
		        if result:
		            print("恭喜!注册成功!")
		        else:
		            print("抱歉!注册失败!")

2	登录功能（login函数）
	难点一：文件打开异常
	如果users.txt文件不存在，文件打开时会发生异常，系统报错。
	需要通过try...except异常处理解决上述问题。
	难点二：字符串切割
	• 读取到的用户名和密码格式为：用户名密码；
	• 需要使用strip去除空格，需要使用split按照空格分隔用户名和密码
		def login():
		    username=input("请输入用户名:")
		    password=input("请输入密码:")
		    try:
		        with open('users.txt','r',
		          encoding='utf-8')as f:
		            for line in f:
		                line=line.strip()
		                line_list=line.split("")
		                if not line_list=='':
		                    if(username==line_list[0]and
		                       password==line_list[1]):
		                       return username
		    except:
		        print("不存在用户登录文件!")
		        return None

续表

<table>
<tr><th>步骤</th><th>步骤解析</th><th>关键代码</th></tr>
<tr><td>3</td><td>注册功能（regist函数）
• 需要判断注册的用户名是否存在，如果已经存在，要求用户重新输入。
• 用户名合格后，需要输入两次密码确认，如果两次输入的不一致，则需要重新输入。
• 用户名输入成功后，写入users.txt文件。
• 判断用户名是否已经存在（user-exist函数）</td><td><pre>def regist():
    # 如注册的用户名已存在，则要求用户重新输入
    flag_username=True
    while flag_username:
        username=input("请输入用户名:")
        if user_exist(username):
            print("用户%s已注册，请重新输入!"% username)
            flag_username=True
        else:
            flag_username=False
# 注册时，需输入两次密码，如两次输入不一致，须重新输入
    flag_password=True
    while flag_password:
        password_first=input("请输入密码:")
        password_new_second=input("请再次输入密码:")
        if password_first==password_new_second:
            flag_password=False
    # 输入成功后，写入user.txt文件
    with open('users.txt','a',encoding='utf-8')as f:
        temp='\n'+username+" "+password_first
        f.write(temp)
    return True
# 判断用户名是否已经存在(user_exist函数)
def user_exist(username):
    with open('users.txt','r',encoding='utf-8')as f:
        for line in f:
            line=line.strip()
            line_list=line.split(" ")
            # 已经注册返回True
            if username==line_list[0]:return True
    # 未注册返回False
    return False</pre></td></tr>
</table>

问题情境

问题1 如果打开某个文件时，若文件不存在，文件打开会发生异常，系统报错，该如何解决？

提示： 需要通过try...except异常处理解决上述问题，代码如下。

```
try:
    with open('user.txt','r',encoding='utf-8')as f:
...
```

```
    except:
        print("不存在用户登录文件！")
```

问题2 在Python中有main函数吗？如果有该如何编写main函数呢？

提示：“if __name__ =='__main__':”的意思是：

当.py文件被直接运行时，“if __name__ =='__main__':”之下的代码块将被运行；

当.py文件以模块形式被导入时，“if __name__ =='__main__':”之下的代码块则不被运行。

main代码的写法如下：

```
    if __name__=='__main__':
```

五 学习结果评价

在表D2-1-14中填写本节学习结果评价。

表D2-1-14 学习结果评价表

技能目标达成评价			
序号	评价内容	评价标准	评价结果（是/否）
1	完成文件打开与关闭操作	能够使用open()函数、close()方法、with关键字，正确打开并关闭文件	
2	正确读写文件内容	能够使用read()方法、readline()方法、readlines()方法、write()方法，正确读写文件	
3	使用文件对象的常见属性和方法	能够使用文件对象的常见属性和方法，完成文件内容读写、文件复制、文件删除等操作	

德育目标达成评价		
序号	评价内容	达成结果
1	激励爱国主义情怀，提升思想境界	○感受 ○提升 ○践行
2	激励爱岗敬业精神，争做新时代接班人	○感受 ○提升 ○践行

课后作业

编程题

1. 把所给的英语文件中句首单词改成小写，超过18个单词的句子，将第18个单词后面的部分删去，重新存回至一个新的txt文件中。

2. 敏感词替换。

（1）创建关于敏感词的txt文件mgc.txt，文件中包含多个敏感词（可自定义）。

（2）用户按mgc.txt中提供的词库，对文件内容进行敏感词全局替换，一个字替换成一个*。

（3）替换完毕后打印输出替换了多少处内容。

3. 打开一个文本文件（文件中包含中文、大小写英文、数字和其他字符），编写程序读取其内容：

（1）统计并打印出中文、大小写英文、数字和其他字符的个数。

（2）把其中的大写字母转成小写字母，小写字母转成大写字母。

4. IP地址生成。

（1）生成一个大文件ips.txt，要求包含1200行，每行内容随机为172.25.254.0/24段的IP地址。

（2）读取ips.txt文件，统计这个文件中出现频率排前10的IP地址。

职业能力D2-2
能使用文件与目录管理操作编写Python程序

一 核心概念

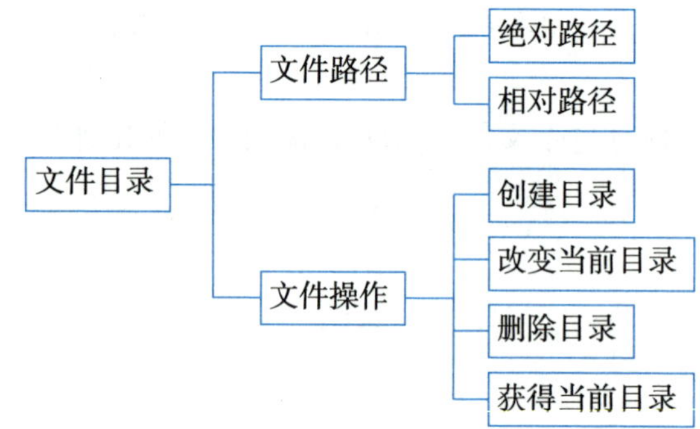

二 学习目标

1. 了解相对路径与绝对路径。
2. 掌握目录常见操作。
3. 了解文件目录操作的使用方法，学会使用文件目录操作代码，简化企业工作流程，增强代码的健壮性。

三 基本知识

1 文件路径

文件路径指明了文件在计算机上的位置。

例如，某人的Windows系统的笔记本上有一个文件名为project.docx的Word文件，它的路径在C:\Users\asweigart\Documents中。文件路径关系图如图D2-2-1所示。

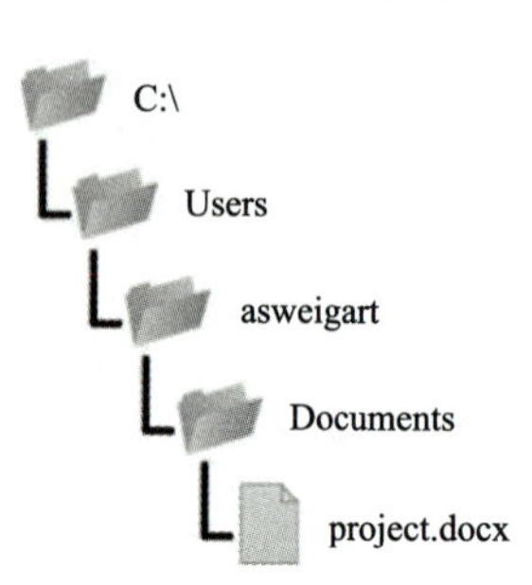

图D2-2-1　文件路径关系图

project.docx是一个Word文档，Users、asweigart和Documents都是指“文件夹”（也称为目录）。文件夹可以包含文件和其他文件夹。

2 绝对路径与相对路径

有两种方法指定一个文件路径：绝对路径和相对路径。

“绝对路径”，总是从根文件夹开始。例如：

```
C:\1.txt
```

“相对路径”，表示程序的当前工作目录，其中“.”表示当前文件所在目录，“..”表示当前文件的上一级目录：

```
..\1.txt
```

绝对路径与相对路径的区别如图D2-2-2所示。

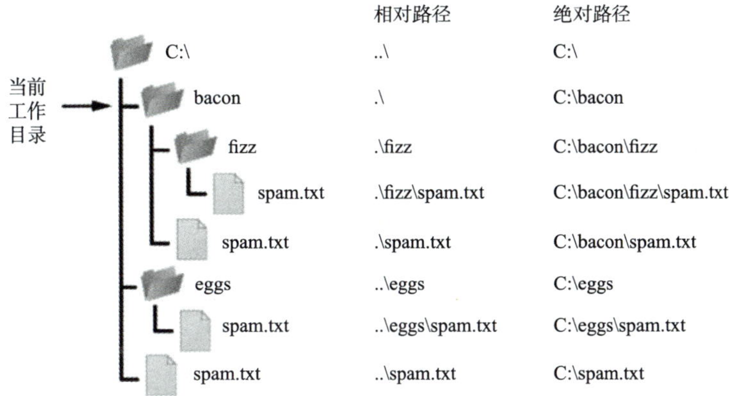

图D2-2-2　绝对路径与相对路径的区别

3 文件目录的基本操作

所有文件都存放在一个指定的目录下。os模块有许多方法能帮助创建、删除和更改目录。

目录的基本操作方法如表D2-2-1所示。

表D2-2-1　目录的基本操作方法

方法	语法说明	用法示例

mkdir()方法	创建目录。语法格式：
	os.mkdir(dirname)
	• dirname：新的目录名
		# 创建目录test
		os.mkdir('test')

chdir()方法	改变当前工作目录。语法格式：
	os.chdir(dirname)
	• dirname：新的目录名
		# 将当前目录改为'C:\bacon'
		os.chdir(r'C:\bacon')

rmdir()方法	删除目录，删除这个目录之前，必须清除该目录下所有内容，并且当前路径不在该目录。语法格式：
	os.rmdir(dirname)
	• dirname：删除的目录名
		# 删除'C:\bacon'目录
		os.rmdir(r'C:\bacon')

续表

方法	语法说明	用法示例
getcwd()方法	获取当前工作目录。 语法格式： `os.getcwd()`	`# 获取当前的目录` `print(os.getcwd())`

四 能力训练

在企业级实际应用中，经常需要对文件夹进行递归访问，下面以一个简单例子进行演示。文件夹遍历的主要原理是：获取文件夹下的所有文件，依次判断是否为文件夹，如果为文件夹则递归获取该文件夹下所有文件，依此类推。

任务D2-2-1　遍历目录

1 任务描述

实现把一个目录下所有的文件删除，在所有的目录下新建一个dic.txt的文件，并在文件下写入“I Love Python”关键字。文件路径关系如图D2-2-3所示。

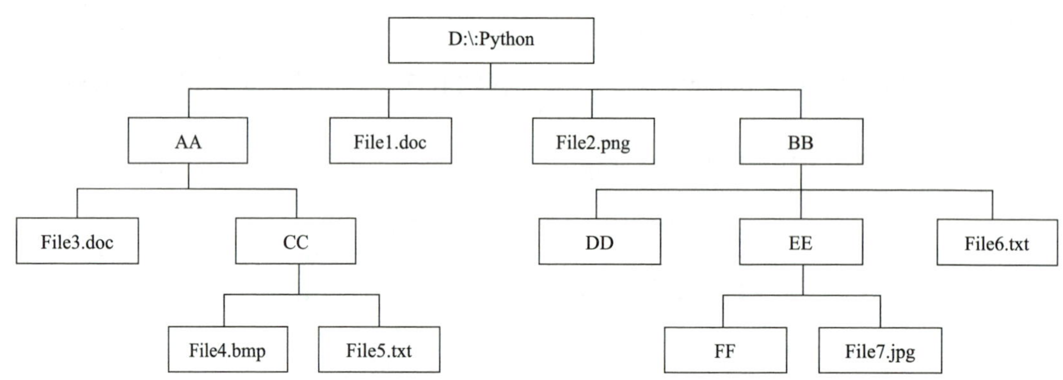

图D2-2-3　本任务文件路径关系图

2 任务分析

根据要求，任务分析表如表D2-2-2所示。

表D2-2-2　任务分析表

步骤	步骤分解	关键技术
1	获取当前路径下的所有文件	使用os.path.isfile()获取
2	循环遍历每一个文件，得到文件的绝对路径	使用os.path.abspath()获取绝对路径

续表

步骤	步骤分解	关键技术

3	判断路径是否为目录	`if os.path.isfile(i):  # i为目标文件`
		`    # 判断为文件`
		`else:`
		`    # 判断为目录`

4	判断如果是文件就删除；如果是目录则在目录下新建一个dic.txt文件，并把“I Love Python”写入文件	`if os.path.isfile(i):`
		`    os.remove(i)`
		`else:`
		`    path_name=os.path.abspath(i)`
		`    with open(path_name+"dic.txt","w") as fp:`
		`        fp.write("I Love Python!")`

3 关键代码

```
import os
import os.path
os.chdir(r"D:\Python")
# 查看目录下的所有文件和目录
for i in os.listdir(r"D:\Python"):   # os.listdir(".")
        # 判断如果是文件，则删除；是目录则获取目录的绝对路径，写文件到目录下。
        if os.path.isfile(i):
                os.remove(i)   # os.remove(r"D:\Python"+"\\"+i)
        else:
                # 获取目录的绝对路径
                path_name = os.path.abspath(i)
                print("path_name:",path_name)
                # 写文件到目录
                with open(path_name + "dic.txt", "w") as fp:
                        fp.write("I Love Python!")
```

问题情境

问题 删除某一目录和子目录时，需要遍历所有的目录，Python文件中该如何遍历目录呢?

提示：

方法一：利用os.listdir()方法返回不带根目录的文件名或子目录名。

```
path=r'D:\Python'
for f in os.listdir(path):
    print(f.strip())
```

方法二：利用os.walk()返回一个包含3个项目的元组：当前目录名称、子目录名称、子文件名称。

```
path=r'D:\Python'
for(dirname,subdir,subfile)in os.walk(path):
    print('dirname is%s,subdir is%s,subfile is%s'%(dirname,
      subdir,subfile))
    print('['+dirname+']')
    for f in subfile:
        print(os.path.join(dirname,f))
```

五 学习结果评价

在表D2-2-3中填写本节学习结果评价。

表D2-2-3　学习结果评价表

技能目标达成评价			
序号	评价内容	评价标准	评价结果（是/否）
1	使用文件路径的命令	能够了解绝对路径和相对路径	
2	完成文件目录的基本操作	能够使用文件目录的基本方法	

德育目标达成评价		
序号	评价内容	达成结果
1	激励爱国主义情怀，提升思想境界	○感受　○提升　○践行
2	激励爱岗敬业精神，争做新时代接班人	○感受　○提升　○践行

课后作业

编程题

1. 将D:\文件夹下所有图片名称加上“'_fc'”。

2. 获取D:\文件夹内（包括子文件夹）所有文件的路径，分隔路径，分别打印出文件的盘符、主文件名和扩展名。

职业能力D2-3 能正确捕捉和处理程序异常

一 核心概念

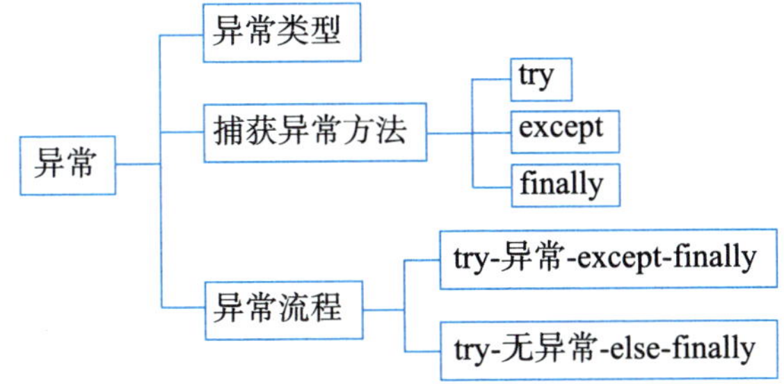

二 学习目标

1．了解异常的概念和类型，熟悉几种常见的异常。

2．了解捕获异常的几种方式，熟悉raise语句和assert语句。

3．掌握程序中传递异常的方法。

4．掌握使用自定义异常的方法。

5．能够基于航天精神，培养“程序设计有依据，编程过程按流程，编译调试留记录”的严谨且务实的工作态度。

三 基本知识

1 认识异常

什么是异常？异常就是一类事件，当此类事件在程序执行过程中发生时，就会影响程序的正常执行。一般情况下，在Python无法正常处理程序时就会发生一个异常，而异常是Python的一种对象类型，用来表示一个错误。当Python脚本发生异常时就需要捕获并处理它，否则程序就会终止。

程序运行出现异常时，若程序中没有设置异常处理功能，解释器会采用系统的默认方式处理异常，即返回异常信息并且终止程序。

```
print(1/0)
```

运行结果如下。

```
Traceback(most recent call last):
```

```
    File"D:/异常.py",line 1,in<module>
      print(1/0)
ZeroDivisionError:division by zero
```

异常信息中通常包含异常代码所在的行号、异常类型和异常的描述信息。

2 异常的类型

Python程序运行出错时产生的每个异常类型都对应一个类，程序运行时出现的异常大多继承自Exception类，Exception类又继承自异常类的基类BaseException。常见异常类型如图D2-3-1所示。

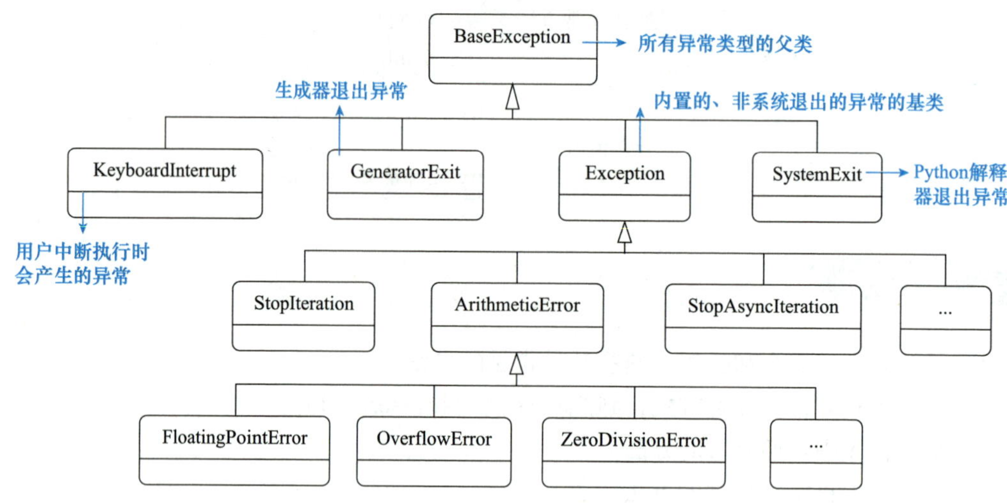

图D2-3-1 常见异常类型

3 常见的异常

常见异常类型描述如表D2-3-1所示。

表D2-3-1 Python中的常见异常类型描述

异常类型名称	描述
BaseException	所有异常的基类
SystemExit	解释器请求退出
KeyboardInterrupt	用户中断执行（通常是由于输入Ctrl+C）
Exception	常规错误的基类
StopIteration	迭代器没有更多的值
GeneratorExit	生成器（generator）发生异常来通知退出
StandardError	所有的内建标准异常的基类
ArithmeticError	所有数值计算错误的基类
FloatingPointError	浮点计算错误

续表

异常类型名称	描述
FileNotFoundError	未找到指定文件或目录
OverflowError	数值运算超出最大限制
ZeroDivisionError	除（或取模）零（所有数据类型）
AssertionError	断言语句失败
AttributeError	对象没有这个属性
EOFError	没有内建输入，到达EOF标记
EnvironmentError	操作系统错误的基类
IOError	输入/输出操作失败
OSError	操作系统错误
WindowsError	系统调用失败
ImportError	导入模块/对象失败
LookupError	无效数据查询的基类
IndexError	序列中没有此索引（index）
KeyError	映射中没有这个键
MemoryError	内存溢出错误（对于Python解释器不是致命的）
NameError	未声明/初始化对象（没有属性）
UnboundLocalError	访问未初始化的本地变量
ReferenceError	弱引用（weak reference）试图访问已经被当作垃圾回收了的对象
RuntimeError	一般的运行时错误
NotImplementedError	尚未实现的方法
SyntaxError	Python语法错误
IndentationError	缩进错误
TabError	Tab和空格混用
SystemError	一般的解释器系统错误
TypeError	对类型无效的操作
ValueError	传入无效的参数
UnicodeError	Unicode相关的错误
UnicodeDecodeError	Unicode解码时的错误
UnicodeEncodeError	Unicode编码时的错误
UnicodeTranslateError	Unicode转换时的错误
Warning	警告的基类
DeprecationWarning	关于被弃用的特征的警告
FutureWarning	关于构造将来语义会有改变的警告
OverflowWarning	旧的关于自动提升为长整型（long）的警告
PendingDeprecationWarning	关于特性将会被废弃的警告
RuntimeWarning	可疑的运行时行为（runtime behavior）的警告
SyntaxWarning	可疑的语法的警告
UserWarning	用户代码生成的警告

下面举例说明几个常见异常发生时程序给出的反馈。

（1）AttributeError

AttributeError是使用对象访问不存在的属性时引发的异常。

例如，Car类中动态地添加了两个属性color和brand，使用Car类的对象依次访问color、brand属性及不存在的name属性：

```
class Car(object):
    pass
car=Car()
car.color='Black'
car.brand='BYD'
print(car.color,car.brand,car.name)
```

运行结果如下。

```
Traceback(most recent call last):
  File"D:/异常.py",line 6,in<module>
    print(car.color,car.brand,car.name)
AttributeError:'Car'object has no attribute'name'
```

（2）FileNotFoundError

FileNotFoundError是未找到指定文件或目录时引发的异常。

```
file=open("tet.txt")
```

运行结果如下。

```
Traceback(most recent call last):
  File"D:/异常.py",line 8,in<module>
    file=open("tet.txt")
FileNotFoundError:[Errno 2]No such file or directory:'tet.txt'
```

（3）IndexError

IndexError是程序越界访问时会引发的异常。

```
list_num=[]
print(list_num[0])
```

运行结果如下。

```
Traceback(most recent call last):
  File"D:/异常.py",line 3,in<module>
    print(list_num[0])
IndexError:list index out of range
```

（4）NameError

NameError是程序中使用了未定义的变量时会引发的异常。

```
print(test)
```

运行结果如下。

```
Traceback(most recent call last):
  File"D:/异常.py",line 2,in<module>
    print(test)
NameError:name'test'is not defined
```

4 异常捕获语句

Python既可以直接通过try-except语句实现简单的异常捕获与处理的功能，也可以将try-except语句与else或finally子句组合实现更强大的异常捕获与处理功能，如表D2-3-2所示。

表D2-3-2 Python中的常见异常捕获语句

语句	语法说明	用法示例

try-except语句	语法格式：
	try:
	    可能出错的代码
	except[异常类型[as error]]:
	    捕获异常后的处理代码
		捕获单个异常的示例：
		num_one=int(input("请输入被除数:"))
		num_two=int(input("请输入除数:"))
		try:
		    print("结果是:",num_one/num_two)
		except ZeroDivisionError:
		    print("出错了")
		运行结果如下。
		请输入被除数：45
		请输入除数：0
		出错了
		
		捕获单个异常，在异常类型之后使用as关键字来获取异常的具体信息的示例：
		num_one=int(input("请输入被除数:"))
		num_two=int(input("请输入除数:"))
		try:
		    print("结果是:",num_one/num_two)
		except ZeroDivisionError as error:
		    print("出错了,错误原因是:",error)
		运行结果如下。
		请输入被除数：45
		请输入除数：0
		出错了,错误原因是：division by zero

		捕获多个异常的示例：
		try:
		    num_one=int(input("请输入被除数:"))
		    num_two=int(input("请输入除数:"))
		    print("结果是:",num_one/num_two)
		except(ZeroDivisionError,ValueError)as error:
		    print("出错了,错误原因是:",error)
		
		以上代码中try子句中，可能会引发两种错误：
		• 除数为0，引发ZeroDivisionError异常；
		• 被除数或除数为非数值引发ValueError异常。
		
		运行结果如下。
		请输入被除数：P

续表

语句	语法说明	用法示例
		出错了,错误原因是: invalid literal for int() with base 10: ‘P’ 请输入被除数: 45 请输入除数: 0 出错了,错误原因是: division by zero

try-except语句	语法格式:
	try:
	    可能出错的代码
	except[异常类型[as error]]:
	    捕获异常后的处理代码
		捕获全部异常，如果要捕获程序中所有的异常，可以将except之后的异常类型设置为Exception或省略不写的示例:
		try:
		    num_one=int(input("请输入被除数:"))
		    num_two=int(input("请输入除数:"))
		    print("结果是:",num_one/num_two)
		except Exception as error:
		    print("出错了,错误原因是:",error)
		运行结果如下。
		请输入被除数: 45
		请输入除数: 0
		出错了,错误原因是: division by zero

else子句	else子句可以与try-except语句组合成try-except-else结构，若try监控的代码没有异常，程序会执行else子句后的代码。语法格式:
	try:
	    可能出错的代码
	except[异常类型[as error]]:
	    捕获异常后的处理代码
	else:
	    未捕获异常后的处理代码
		try:
		    num_one=int(input("请输入被除数:"))
		    num_two=int(input("请输入除数:"))
		    res=num_one/num_two
		except Exception as error: # 有错误,执行
		    print("出错了,错误原因是:",error)
		else: # 没有报错,执行else语句
		    print("输出结果是:",res)
		运行结果如下。
		#有错误，执行except
		请输入被除数: 45
		请输入除数: 0
		出错了,错误原因是: division by zero
		#没有报错，执行else语句
		请输入被除数: 45
		请输入除数: 4
		输出结果是: 11.25

finally子句	finally子句可以和try-except一起使用。语法格式:
	try:
	    可能出错的代码
	except[异常类型[as error]]:
	    捕获异常后的处理代码
	finally:
	    一定执行的代码
		try:
		    num_one=int(input("请输入被除数:"))
		    num_two=int(input("请输入除数:"))
		    res=num_one/num_two
		except Exception as error: # 有错误,执行except
		    print("出错了,错误原因是:",error)
		else: # 没有报错,执行else语句
		    print("输出结果是:",res)
		finally:
		    print('通用异常捕获已完成')

续表

语句	语法说明	用法示例
finally子句	注意： 无论try子句监控的代码是否产生异常，finally子句都会被执行	运行结果如下。 请输入被除数：45 请输入除数：0 出错了,错误原因是：division by zero 通用异常捕获已完成

5 抛出异常

Python程序中的异常不仅可以自动触发异常，而且还可以由开发人员使用raise和assert语句主动抛出异常，如表D2-3-3所示。

表D2-3-3　抛出异常的方法

语句	语法说明	用法示例

raise语句	使用raise语句可以显式地抛出异常。语法格式：
	`# 格式:使用异常类名引发指定的异常`
	`raise 异常类`
		`# 当输入值小于1时，会触发异常，后面的代码就不会再执行了`
		`input_num=eval(input("请输入数字:"))`
		`try:`
		`    if input_num<1:`
		`        # 触发异常后,后面的代码就不会再执行`
		`        raise Exception("Invalid num!")`
		`except Exception as result:`
		`    print(input_num,result)`
		`else:`
		`    print(input_num)`

assert语句	assert语句又称为断言语句。语法格式：
	`assert表达式[,异常信息]`
		`num_one=int(input("请输入被除数:"))`
		`num_two=int(input("请输入除数:"))`
		`# assert语句判定num_two不等于0`
		`assert num_two!=0,'除数不能为0'`
		`result=num_one/num_two`
		`print(num_one,'/',num_two,'=',result)`
		运行结果如下。
		`Traceback(most recent call last):`
		`  File"D:/异常.py",line 4,in<module>`
		`    assert num_two!=0,'除数不能为0'`
		`AssertionError:除数不能为0`

四 能力训练

任务D2-3-1　数据异常处理

1 任务描述

从某公司的开发代码库中获得一组数据，表示每个文件的代码变更情况：

```
{'login.py':'a 8 d 2 u 3','order.py':'a 15 d 0 u 34','info.py':'a 1 d 20 u 5'}
```

其中a表示新增行数，d表示删除行数，u表示修改行数。login.py的变更行数为13。要求：统计出每个文件的变更行数。

2 任务分析

根据要求，任务分析表如表D2-3-4所示。

表D2-3-4　任务分析表

步骤	步骤分解	关键技术
1	第一种方式：判断变更行数	使用isdigit()方法，结合if语句，判断变更行数（判断数字）
2	第二种方式：判断变更行数	通过异常处理try子句，判断变更行数（判断数字）

3 操作过程

任务操作过程如表D2-3-5所示。

表D2-3-5　操作过程表

<table>
<tr><th>方法</th><th>方法解析</th><th>关键代码</th></tr>
<tr><td>方法一</td><td>使用isdigit()方法判断数字</td><td><pre>data={'login.py':'a 8 d 2 u 3','order.py':'a 15 d 0 u 34','info.py':
'a 1 d 20 u 5'}
for k,v in data.items():
    sum=0
    for x in data[k].split(' '):
        if x.isdigit():
            sum+=int(x)
    print('文件:%s，共变更%d行'%(k,sum))</pre></td></tr>
<tr><td>方法二</td><td>使用异常处理，将int()转换部分写在try部分，判断数字</td><td><pre>data={'login.py':'a 8 d 2 u 3','order.py':'a 15 d 0 u 34','info.py':
'a 1 d 20 u 5'}
for k,v in data.items():
    sum=0
    for x in data[k].split(' '):
        try: # 通过try...except方法捕获异常
            sum+=int(x)
        except:
            pass
    print('文件:%s,共变更%d行'%(k,sum))</pre>运行结果如下。
文件：login.py，共变更13行
文件：order.py，共变更49行
文件：info.py，共变更26行</td></tr>
</table>

问题情境

问题　Python编译器中是否有使用内置的语法规范替代try/except？

提示：Python本身提供了很多语法范式来简化异常处理，例如：

（1）for语句利用StopIteration异常来结束循环。

（2）with语句在打开文件后会在操作结束时（无论是否正常结束）自动关闭文件句柄。

（3）使用getattr()方法获取对象中的不确定属性。

五 学习结果评价

在表D2-3-6中填写本节学习结果评价。

表D2-3-6　学习结果评价表

技能目标达成评价			
序号	评价内容	评价标准	评价结果（是/否）
1	认识异常	能根据需求，将异常融入程序	
2	正确区分异常的类型	能根据任务要求，区分并分析异常的类型	
3	牢记异常语句格式	能根据实际情况，熟练使用异常语句解决问题	

德育目标达成评价		
序号	评价内容	达成结果
1	激励爱国主义情怀，提升思想境界	O感受　O提升　O践行
2	培养“程序设计有依据，编程过程按流程，编译调试留记录”的严谨且务实的工作态度	O感受　O提升　O践行

课后作业

编程题

1．定义一个函数func（listinfo），listinfo=[133, 88, 24, 33, 232, 44, 11, 44]，使用异常语句捕获列表中所有小于100且为偶数的值。

2．使用异常语句判断raw_input()输入的字符串长度是否小于5。比如输入长度为3，则输出“输入的长度为3，小于规定长度5”；大于等于5则输出“success”。

参考文献

埃里克·马瑟斯，2016．Python编程从入门到实践［M］．北京：人民邮电出版社．

黑马程序员，2021．Python快速编程入门［M］．北京：人民邮电出版社．

嵩天，2020．全国计算机等级考试二级教程：Python语言程序设计［M］．北京：高等教育出版社．

韦鹏程，许桂秋，2020．Python编程基础与应用［M］．杭州：浙江科学技术出版社．

张思民，2018．Python程序设计案例教程从入门到机器学习［M］．北京：清华大学出版社．